ERGEBNISSE DER MATHEMATIK
UND IHRER GRENZGEBIETE

HERAUSGEGEBEN VON DER SCHRIFTLEITUNG
DES
„ZENTRALBLATT FÜR MATHEMATIK"
ERSTER BAND

— 4 —

DIE METHODEN ZUR ANGENÄHERTEN LÖSUNG VON EIGENWERTPROBLEMEN IN DER ELASTOKINETIK

VON

K. HOHENEMSER

MIT 15 FIGUREN

SPRINGER-VERLAG BERLIN HEIDELBERG GMBH
1932

ISBN 978-3-642-93769-9   ISBN 978-3-642-94169-6 (eBook)
DOI 10.1007/978-3-642-94169-6

Inhaltsverzeichnis.

I. Einleitung.

1. Abgrenzung des Referats.

Seit dem Erscheinen des Enzyklopädieartikels von H. Lamb[1] über die Schwingungen elastischer Systeme ist von mathematisch-physikalischer Seite verhältnismäßig wenig zu diesem Gebiet beigetragen worden. Die Berechnung der Schwingungen von Saiten, Stäben, Membranen, Platten, Schalen usw. ist für die mathematisch einfacheren Fälle in den klassischen Arbeiten von H. Helmholtz[2], G. Kirchhoff[3], Lord Rayleigh[4] u. a. erledigt, während die allgemeine mathematische Begründung der Schwingungstheorie elastischer Kontinua und die noch fehlenden Lösungen gewisser Existenzfragen in den Untersuchungen von D. Hilbert[5], I. Fredholm[6] und E. Schmidt[7] im Zusammenhang mit der Theorie der linearen Integralgleichungen nachgeholt worden sind. Die Lehre von den Schwingungen elastischer Körper war daher zu einem gewissen Abschluß gekommen, als die Fortschritte der Technik, insbesondere im Bau schnellaufender Antriebs- und Arbeitsmaschinen, ein immer mehr wachsendes Interesse der Techniker an mechanischen Schwingungsvorgängen hervorriefen. Der Ingenieur konnte die Einzelergebnisse der bisherigen Theorie nur zu einem kleinen Teil verwerten, da die praktisch vorkommenden schwingungsfähigen Systeme fast nie die einfache Gestalt haben wie die in der klassischen Theorie behandelten Körper. Überhaupt sind für den Ingenieur noch so sorgfältige und vollständige Lösungen von Sonderfällen viel weniger wichtig als die Ausarbeitung von allgemeinen Methoden, die eine nicht zu umständliche, wenn auch nur angenäherte und teilweise Lösung jedes praktisch vorkommenden Problems ermöglichen. Mit dieser Aufgabe beschäftigen sich eine Reihe von technisch orientierten Arbeiten, in welchen insbesondere die Torsions- und Biegungsschwingungen von Stäben und die kritischen Drehzahlen umlaufender Wellen behandelt werden. Im

---

[1] Lamb, H.: Enz. math. Wiss. IV Bd. 4 (1906) S. 253.

[2] Helmholtz, H.: Vorl. math. Phys. Bd. 3. Leipzig 1898 — siehe auch Die Lehre von den Tonempfindungen. Braunschweig 1862.

[3] Kirchhoff, G.: Vorl. math. Phys., Mechanik. Leipzig 1897.

[4] Lord Rayleigh, Theory of Sound. London 1929. Deutsche Übersetzung von F. Neesen. Braunschweig 1880.

[5] Hilbert, D.: Verschiedene Arbeiten in den Nachr. Ges. Wiss. Göttingen von 1904 ff. sind zusammengefaßt in Grundzüge einer allgem. Theorie der linearen Integralgleichungen. Leipzig 1912.

[6] Fredholm, I.: Acta math. Bd. 27 (1903) S. 365.

[7] Schmidt, E.: Diss. Göttingen 1905 — Math. Ann. Bd. 63 (1907) S. 433.

folgenden soll ein Überblick gegeben werden über die allgemeinen Näherungsmethoden zur Lösung von Eigenschwingungsaufgaben; es ist weniger Wert auf lückenlose Literaturangaben gelegt worden[1] als vielmehr auf eine möglichst klare Herausarbeitung der allgemeinen Gesichtspunkte. Da das Referat nicht nur dazu dienen soll, dem Mathematiker eine Übersicht über die praktischen Anwendungen der Theorie zu geben, sondern vor allem auch dem Ingenieur die Orientierung auf diesem Gebiet erleichtern will, sind die mathematischen Grundlagen wenigstens andeutungsweise mitbehandelt worden. So enthält der Abschnitt „Allgemeine Methoden" eine kurze Zusammenstellung der zum Verständnis notwendigen Sätze und Tatsachen aus der Theorie der linearen Integralgleichung zweiter Art. Dieser Abschnitt bringt einen wichtigen Teil der Methoden in ihrer allgemeinsten Form, der weitere Abschnitt über Einzelprobleme enthält Spezialisierungen der dargestellten Methoden und bringt diejenigen Verfahren, welche durch die besondere Art der betreffenden Aufgaben bedingt sind.

2. Problemstellung in der Technik.

Das eigentliche Ziel der Schwingungsvorausberechnungen in der Maschinen- und Bautechnik ist in den meisten Fällen, einen möglichst vollständigen Einblick in die dynamischen Beanspruchungen von Konstruktionsteilen zu erhalten. Vor allem handelt es sich darum, gefährliche Resonanzerscheinungen, die zu Brüchen Anlaß geben können, zu vermeiden. Immer wieder sind schwere Betriebsunfälle durch Schwingungsbrüche entstanden, die nur dadurch auftreten konnten, daß die

---

[1] Es sind in der Regel nur solche Arbeiten über Schwingungen elastischer Körper zitiert, welche Anwendungen von allgemeinen Näherungsmethoden enthalten, während auf die schon anderweitig mehrfach referierten Arbeiten über die Lösungen der Differentialgleichungen von gewissen einfachen schwingenden elastischen Körpern (homogene Membran, Platte, Schale, Kugel usw.) nicht eingegangen wird. Das vorliegende Referat bildet daher eine Ergänzung zu den Artikeln von F. PFEIFFER: Handb. Phys. Bd. 6 (Berlin 1928) S. 309 und von F. AUERBACH: Handb. phys. u. techn. Mechanik Bd. 3 (Leipzig 1927) S. 283. Außerdem seien noch folgende neuere Lehrbücher genannt, in welchen Schwingungen elastischer Körper behandelt werden: COURANT, R., u. D. HILBERT, Meth. math. Phys. Bd. 1. Berlin 1931. — VAN DEN DUNGEN, F. H.: Cours de Technique des Vibrations Bd. 1 und 2. Bruxelles 1926 — Les Problèmes généraux de la Technique des Vibrations. Mém. Sci. physiques Bd. 4 (Paris 1928). — Die Differential- und Integralgleichungen der Mechanik und Physik. Herausgegeben von PH. FRANCK u. R. VON MISES. Bd. 1 und 2. Berlin 1927 und 1931. — HORT, W.: Technische Schwingungslehre. Berlin 1922. — KALÄHNE, A.: Grundzüge der mathematischen und physikalischen Akustik Bd. 2. Leipzig 1913. — LAMB, H.: The dynamical Theory of Sound. London 1910. — LOVE, A. E. H.: Mathematical Theory of Elasticity. Cambridge 1927. — MORRIS, J.: The Strenghth of Shafts in Vibration. London 1929. — TIMOSHENKO, S.: Vibration Problems in Engineering. London 1928. Deutsch von I. MALKIN u. E. HELLY. Berlin 1932. — STODOLA, A.: Dampf- und Gasturbinen. Berlin 1924.

dynamischen Beanspruchungen nicht im voraus genügend geklärt waren[1]. Vor Ausführung eines Entwurfs möchte man eine Antwort auf folgende drei Fragen haben:

1. Liegen bei den Anfahr- oder Betriebsdrehzahlen Resonanzen von Konstruktionsteilen?

2. Können eventuelle Resonanzen im Anfahrbereich durch genügend rasches Anfahren wirkungslos gemacht werden?

3. Liegen bei allen vorkommenden Betriebsdrehzahlen die dynamischen Beanspruchungen der erzwungenen Schwingungen irgendwelcher Konstruktionsteile im zulässigen Bereich?

Um die erste Frage zu beantworten, muß der Periodenbereich der erregenden Kräfte bekannt sein, die, wenn sie nicht von Haus aus harmonisch sind, in harmonische Komponenten zerlegt werden. Mit der Ermittlung der in dem Periodenbereich der erregenden Kräfte liegenden Eigenschwingungszahlen ist eine wichtige Aufgabe gelöst, denn es gelingt dann oft, die Konstruktion so auszuführen, daß Betriebsresonanzen nicht eintreten können. Ein großer Teil der Literatur beschäftigt sich daher lediglich mit der Berechnung der Eigenschwingungszahlen. Über die zweite Frage liegt wegen der Schwierigkeit in der Behandlung nichtstationärer Vorgänge leider kein Material vor, obwohl sie von großem Interesse ist. Um die dritte Frage zu beantworten, hat man für die vorkommenden Erregerperioden die räumlichen Schwingungsformen der erzwungenen Schwingung, d. h. die Amplitude der Auslenkung an jeder Stelle zu bestimmen. Die Berechnung der erzwungenen Schwingungsform ist bei dämpfungsfreier Bewegung vielfach mit weniger Mühe verbunden als die Berechnung der Form einer freien Schwingung, denn im letzten Fall kommt noch die Auswertung einer Frequenzgleichung hinzu, welche die Eigenschwingungszahlen als Wurzeln besitzt. Wenn man von der erzwungenen Schwingung ausgeht,

---

[1] Es sei nur an den auch außerhalb der Fachwelt bekannten Fall der Schwingungsbrüche in der Motorenanlage des „Grafen Zeppelin" auf seiner zweiten Amerikafahrt im Mai 1929 erinnert, deren Ursachen voll aufgeklärt wurden. Vgl. H. Thoma: Z. Ver. Deutsch. Ing. Bd. 73 (1929) S. 1383. Die Untersuchungen über die Sicherheit von schwingenden Konstruktionsteilen liegen auf zwei voneinander unabhängigen Gebieten: Einmal ist die Kenntnis der Bewegungsvorgänge und damit der im Material entstehenden Spannungen erforderlich. Dies ist die Aufgabe der Elastokinetik. Außerdem ist jedoch zur Beurteilung der Bruchgefahr bei bekannten Materialspannungen eine besondere Prüfung des Konstruktionsmaterials notwendig, die Ermittlung der sog. Schwingungsfestigkeit. Es zeigt sich nämlich, daß bei wiederholter Belastung die größte tragbare Spannung weit unterhalb der bei einmaliger Belastung tragbaren Bruchspannung liegt. Auf die sehr verwickelten und zum größten Teil noch unerforschten Bruchgesetze der Materialien bei wiederholter Belastung, ohne deren Kenntnis die Berechnung der dynamischen Beanspruchung praktisch wertlos ist, soll hier nur hingewiesen werden. Vgl. etwa: O. Föppl, E. Becker u. G. v. Heydekampf: Die Dauerprüfung der Werkstoffe. Berlin 1928. — Gough, H. J.: The Fatigue of Metals. London 1926. — Moore, H. F., and J. B. Kommers, The Fatigue of Metals. New York 1927.

ergeben sich die Eigenschwingungszahlen als Unendlichkeitsstellen der Resonanzfunktion, welche die Amplitude in Abhängigkeit von der Erregerperiode darstellt. Nachdem für verschiedene Erregerperioden die Amplituden bestimmt sind, findet man die Resonanzstellen durch Interpolation, und in diesem Sinne ordnet sich die Behandlung der erzwungenen Schwingungen eines elastischen Systems in die Methoden zur angenäherten Bestimmung der Eigenwerte ein.

In Wirklichkeit bleiben die Ausschläge infolge der Dämpfung auch für die Resonanzerregung endlich, wenn nicht schon vor Erreichen der maximalen Amplitude der Körper zerstört worden ist. Für die Beurteilung der dynamischen Beanspruchung in den Resonanzpunkten ist die Berücksichtigung der Dämpfung unerläßlich. Man unterscheidet äußere und innere Dämpfung. Bei der äußeren Dämpfung hängen die Dämpfungskräfte allein von der zeitlichen Änderung der Amplitude in jedem Punkt ab, man setzt sie meist, um eine einfache mathematische Behandlung zu ermöglichen, proportional der Änderungsgeschwindigkeit der Amplitude an. In diesem Fall beeinflußt die Dämpfung die Schwingungsformen eines stabil gelagerten Systems nicht, es entsteht lediglich eine Amplitudenverringerung und eine Phasenverschiebung der Bewegung gegenüber den harmonischen erregenden Kräften. Anders ist dies bei der inneren Dämpfung, welche den Zähigkeitskräften bei der Strömung einer zähen Flüssigkeit entspricht und von der relativen Verschiebungsgeschwindigkeit benachbarter Körperelemente abhängt[1]. Die genaue Berücksichtigung der inneren Dämpfung gestaltet sich recht verwickelt, da jetzt nicht mehr alle Teile des Körpers in gleicher Phase schwingen. Man beschränkt sich daher meist auf so kleine innere Dämpfung, daß in erster Näherung die Bewegung synchron verläuft. Obwohl durch eine noch so geringe Dämpfung die *Amplituden* in der Nähe einer Resonanzstelle sehr stark beeinflußt werden, sind doch die praktisch vorkommenden Dämpfungen meist so klein (auch dann, wenn besondere Dämpfungsvorrichtungen zur Verringerung der Schwingungsamplituden angebracht werden), daß dadurch die Resonanzperioden selbst, d. h. die Perioden, bei denen die erzwungenen Schwingungen maximale Ausschläge haben, gegenüber dem dämpfungsfreien Fall nur unwesentlich verschoben werden. Da hier nur die Bestimmung der Resonanzstellen interessiert, soll von der Behandlung der gedämpften Bewegung abgesehen werden.

---

[1] Ein entsprechender Ansatz stammt von W. VOIGT: Abh. Ges. Wiss. Göttingen Bd. 36 (1889) S. 3; Bd. 38 (1891) S. 1, doch bemerkte schon VOIGT, daß sein Ansatz mit Experimenten über Drehschwingungen von Metalldrähten nicht vereinbar ist. Die innere Dämpfungsarbeit der Metalle ist in Wirklichkeit weitgehend von der Frequenz unabhängig, so daß die Proportionalität von Dämpfungskraft und Schiebungsgeschwindigkeit nicht zutrifft. Vgl. über Abweichungen vom elastischen Verhalten (Dämpfung, Hysteresis, Nachwirkung, Plastizität) die Artikel von H. FROMM: Handb., phys. u. techn. Mechanik Bd. 4_1 (Berlin 1931) S. 359, 436.

II. Allgemeine Methoden.

3. Die Schwingungsintegralgleichung[1].

Alle Aufgaben der Elastizitätslehre, welche das Ziel haben, aus vorgegebenen äußeren Kräften, die auf einen Körper wirken, die Verschiebungen jedes Körperpunktes zu finden, lassen sich auf eine einfache Qudratur zurückführen, wenn die „GREENsche Funktion" oder Einflußfunktion für den betreffenden Körper bekannt ist. Die Existenz und die Eigenschaften der GREENschen Funktion für ein bestimmtes Problem werden meist aus der Differentialgleichung des betreffenden Elastikums bewiesen. Vom Standpunkt der Elastizitätslehre aus ist die Existenz einer Einflußfunktion für die Verschiebungen nichts anderes als der Ausdruck für die lineare Superponierbarkeit der Kraftwirkungen. Man hat im Bestehen einer Einflußfunktion ein Kriterium für den ideal elastischen Körper zu sehen, dessen ausgezeichnetste Eigenschaft darin enthalten ist. Hängen die äußeren Kräfte linear von den Verschiebungen ab, die ihre Angriffspunkte während der Deformation des Körpers erfahren, wie es für die Trägheitskräfte der freien harmonischen Schwingungen der Fall ist, dann entsteht eine lineare homogene Integralgleichung für die Verschiebung. An diese Integralgleichung knüpfen die zunächst zu besprechenden Methoden an, ohne daß über die Beschaffenheit der Einflußfunktion spezialisierende Annahmen nötig sind. Die Integralgleichung enthält lediglich die Voraussetzung linearer Abhängigkeit der äußeren Kräfte von den Verschiebungen ihrer Angriffspunkte, wodurch die sehr allgemeine Verwendbarkeit der betreffenden Methoden bedingt ist.

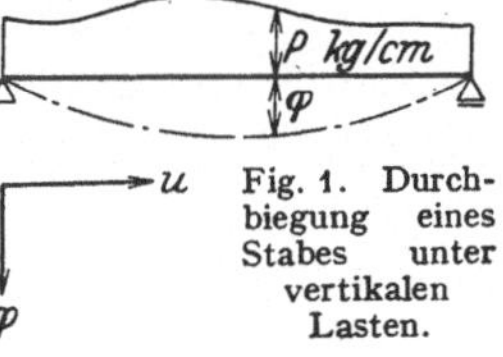

Fig. 1. Durchbiegung eines Stabes unter vertikalen Lasten.

Es mögen zunächst nur Verschiebungen und Kräfte in einer einzigen Richtung vorkommen wie beispielsweise bei dem zweifach gestützten Balken, der durch vertikale Kräfte p belastet sei (Fig. 1). Die lineare Superposition der von den verschiedenen Lastelementen dp herrührenden Vertikalverschiebungen φ findet ihren Ausdruck in der Gleichung

$$(1) \qquad \varphi(u) = \int K(uw)\, dp(w),$$

---

[1] Die Bedeutung, welche die Integralgleichungsmethoden für die verschiedenartigsten Untersuchungen in der Mathematik gewonnen haben, hat sich zum Teil auch auf die Anwendungsgebiete, insbesondere die Schwingungslehre, übertragen, so daß die Integralgleichungsmethoden in einigen neueren Lehrbüchern über Schwingungen elastischer Körper sogar in den Vordergrund der Betrachtungen gestellt wurden. Vgl. die a. a. O. zitierten Lehrbücher von F. H. VAN DEN DUNGEN. Die Integralgleichungsmethoden liefern zwar Formeln zur Bestimmung der Eigenschwingungszahlen, welche für die numerische Auswertung wenig geeignet sind, doch lassen sich die verschiedensten Verfahren so übersichtlich darstellen, wenn man von der Integralgleichungsdarstellung der Schwingungen elastischer Körper ausgeht, daß auch in dem vorliegenden Artikel die Voranstellung der Integralgleichungsmethoden für zweckmäßig angesehen werden mußte.

u und w sind Bezeichnungen für einen Parameter, welcher eine bestimmte Stelle angibt, $K(uw)$ ist die Einflußfunktion und stellt die Verschiebung an der Stelle u infolge der Lasteinheit an der Stelle w dar, die Integration ist immer über den ganzen Körper zu erstrecken, die Integrationsgrenzen sind daher weggelassen, ohne daß dadurch Mißverständnisse entstehen können. Das Integral versteht sich im STIELTJESschen Sinne, d. h. es können auch Einzelkräfte vorkommen. Die Einflußfunktion $K(uw)$ ist symmetrisch, es gilt also

$$K(uw) = K(wu).$$

Man zeigt dies dadurch, daß man für den Fall des lediglich an den Stellen u und w mit je einer Einheitslast besetzten Balkens die Deformationsarbeiten bestimmt, die geleistet werden, wenn einmal zuerst die Last in u, das andere Mal zuerst die Last in w aufgesetzt wird. Aus der Gleichheit der beiden Deformationsarbeiten ergibt sich die Symmetriebedingung, die im übrigen auch als Eigenschaft der GREENschen Funktion für die entsprechenden Differentialgleichungen gewonnen wird.

Als äußere Kräfte treten bei den freien Schwingungen nur die negativen Massenbeschleunigungen auf, also ist

$$dp = -dm\,\ddot{\varphi},$$

die Punkte bedeuten Ableitungen nach der Zeit, dm ist ein Massenelement. Die Gleichung (1) heißt dann

$$(2) \qquad \varphi(u) = -\int K(uw)\,\ddot{\varphi}(w)\,dm(w).$$

Es soll noch eine Bezeichnungsvereinfachung eingeführt werden dadurch, daß an Stelle des Argumentes u das Integral über die Massenbelegung bis zum Punkt u genommen wird, welches mit s bezeichnet werden soll:

$$s = \int_0^u dm(u),$$

entsprechend sei

$$t = \int_0^w dm(w),$$

ds bzw. dt stellt dann ein Massenelement dar, und (2) schreibt sich

$$\varphi(s) = -\int K(st)\,\ddot{\varphi}(t)\,dt$$

und geht mit dem Ansatz

$$\varphi(s\tau) = \varphi(s)\,e^{i\sqrt{\lambda}\,\tau},$$

in dem τ die Zeit bedeutet, über in die lineare homogene Integralgleichung zweiter Art[1]

$$(3) \qquad \varphi(s) = \lambda \int K(st)\,\varphi(t)\,dt.$$

---

[1] Die Gleichung (3) stellt die Bedingung dafür dar, daß alle Teile des elastischen Körpers eine harmonische Bewegung mit der gleichen Phase und der gleichen Kreisfrequenz ausführen. Es ergibt sich, daß dies nur möglich ist für ganz gewisse

Die Schwingungszahl ν je Sekunde hängt mit der Kreisfrequenz $\sqrt{\lambda}$ vermittels

$$\nu = \frac{\sqrt{\lambda}}{2\pi}$$

zusammen. Greifen noch harmonische äußere Kräfte

$$f(s\tau) = f(s)\,e^{i\sqrt{\lambda}\,\tau}$$

an, dann ist auf der rechten Seite von (3) das Integral

$$h(s) = \int K(st)\,df(t)$$

hinzuzufügen, und die Integralgleichung der erzwungenen Schwingung heißt

$$(4) \qquad \varphi(s) = \lambda \int K(st)\,\varphi(t)\,dt + h(s)\,.$$

Im allgemeinen Fall, daß beliebige periodische äußere Kräfte angreifen, sind diese in harmonische Komponenten zu zerlegen, und es gilt für jede Komponente eine Integralgleichung von der Art wie (4), die gesamte Lösung setzt sich linear aus den Lösungen für die harmonischen Komponenten der Erregerkräfte und aus den Lösungen der homogenen Gleichung zusammen.

Erfolgt eine Verschiebung der Körperpunkte in *verschiedenen* Richtungen, dann gilt ein System von linearen Integralgleichungen für die verschiedenen Verschiebungskomponenten, das sich durch geeignete Substitutionen auf eine einzige Integralgleichung mit symmetrischer Einflußfunktion zurückführen läßt. Man betrachte z. B. den Fall eines schwingenden Stabes, der mit Scheiben besetzt ist (Fig. 2). Die Scheiben machen außer der Vertikalbewegung während der Schwingung auch eine Drehbewegung, es treten infolgedessen Trägheitsdrehmomente auf. Man muß jetzt neben der Vertikalbewegung jedes Stabelementes

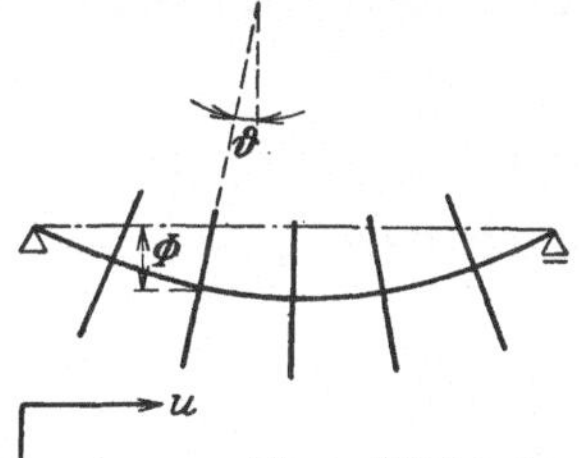

Fig. 2. Mit Scheiben besetzter Stab.

auch dessen Drehbewegung berücksichtigen. Es gibt eine Einflußfunktion $\alpha(uw)$, welche die Vertikalverschiebung des Punktes u infolge der Einheits*last* in w darstellt, es gibt eine weitere Einflußfunktion $\beta(uw)$, welche die Vertikalverschiebung des Punktes u infolge des Einheits*momentes* in w angibt, ebenso gibt es zwei weitere Einflußfunktionen $\gamma(uw)$ und $\delta(uw)$, welche die Verdrehung der Stabtangente im Punkte u infolge der Einheitslast in w bzw. infolge des Einheitsmomentes in w

---

Werte, die „Eigenwerte" uud die dazugehörigen „Eigenfunktionen". Die Überlegungen, mit denen man zeigt, daß die allgemeinste Bewegung des Körpers sich als Superposition aller nach Gleichung (3) möglichen harmonischen Bewegungen auffassen läßt (Einführung der voneinander unabhängigen „Normalkoordinaten"), werden hier übergangen. Vgl. Lord RAYLEIGH: Theory of Sound, Kap. IV.

angeben[1]. Das System von Gleichungen, welches an Stelle von (1) tritt, heißt dann

$$\Phi(u) = \int \alpha(uw)\, dp(w) + \int \beta(uw)\, d\mathfrak{M}(w),$$

$$\vartheta(u) = \int \gamma(uw)\, dp(w) + \int \delta(uw)\, d\mathfrak{M}(w),$$

Φ ist die Vertikalverschiebung, ϑ die Verdrehung eines Stabelementes, $d\mathfrak{M}(w)$ ist ein Element der Drehmomentenbelastung, die auch in einzelnen konzentrierten Momenten bestehen kann (wie z. B. die Trägheitsmomente der Scheiben in Fig. 2). Dadurch, daß man nur in zwei Punkten u und w je eine Einheitslast und ein Einheitsmoment angreifen läßt und die auf verschiedenen Wegen gewonnenen Formänderungsarbeiten vergleicht, erkennt man, daß die Matrix

$$\begin{vmatrix} \alpha(uu) & \alpha(uw) & \beta(uu) & \beta(uw) \\ \alpha(wu) & \alpha(ww) & \beta(wu) & \beta(ww) \\ \gamma(uu) & \gamma(uw) & \delta(uu) & \delta(uw) \\ \gamma(wu) & \gamma(ww) & \delta(wu) & \delta(ww) \end{vmatrix}$$

symmetrisch ist. (Dagegen sind nicht alle Einflußfunktionen symmetrisch, z. B. ist $\beta(uw) \neq \beta(wu)$.) Bei den freien Schwingungen treten als äußere Kräfte die negativen Massenbeschleunigungen

$$p = -dm\,\ddot{\Phi},$$

als äußere Momente die Trägheitsmomente

$$\mathfrak{M} = -di\,\ddot{\vartheta}$$

auf, wo di ein Element der Trägheitsmomentenbelegung ist. Man hat dann das System von Integralgleichungen

$$\Phi(u) = -\int \alpha(uw)\,\ddot{\Phi}(w)\, dm - \int \beta(uw)\,\ddot{\vartheta}(w)\, di,$$

$$\vartheta(u) = -\int \gamma(uw)\,\ddot{\Phi}(w)\, dm - \int \delta(uw)\,\ddot{\vartheta}(w)\, di.$$

Es läßt sich auf die Form

$$\varphi(u) = -\int K(st)\,\ddot{\varphi}(t)\, dt$$

bringen: Die Integration hierin soll sich zweimal über den ursprünglichen Integrationsbereich erstrecken, und zwar soll bei den Teilintegrationen I und II φ und dt identisch sein mit

	I	II
φ	Φ	ϑ
dt	dm	di

---

[1] Die Einflußkoeffizienten α bis δ sind nicht unabhängig voneinander, sondern gehen durch Differentiationen auseinander hervor, vgl. z. B. F. H. VAN DEN DUNGEN: Cours de Technique des Vibrations Bd. 2 (1926) S. 10, doch ist diese Eigenschaft für die Zurückführung des Systems von Integralgleichungen auf eine einzige bedeutungslos.

Für $K(st)$ soll folgendes Schema gelten:

	s_I	s_{II}
t_I	α	β
t_{II}	γ	δ

Für solche s und t, die im ersten Bereich liegen, ist demnach

$$K(st) = \alpha(uw) \quad \text{usw.}$$

Man überzeugt sich leicht, daß infolge der Symmetrieeigenschaften der Einflußfunktionen auch $K(st)$ symmetrisch wird. Bestehen außerdem harmonische äußere Kräfte

$$k(u)\, e^{i\sqrt{\lambda}\,\tau}$$

und harmonische äußere Momente

$$g(u)\, e^{i\sqrt{\lambda}\,\tau},$$

dann kommt noch, genau wie in (4), das Glied

$$h(s) = \int K(st)\, df(t)$$

hinzu, wobei $df(t)$ im ersten Integrationsbereich identisch mit $dk(u)$, im zweiten identisch mit $dg(u)$ ist. (4) stellt also eine Form dar, in welche man alle Schwingungsprobleme elastischer Körper bringen kann. Die Integralgleichung (4) unterscheidet sich von der von D. HILBERT und E. SCHMIDT behandelten dadurch, daß das Integral im Sinne von STIELTJES aufzufassen ist. A. KNESER[1] hat gezeigt, daß die Theorie auch auf die hier interessierenden sog. „belasteten" Integralgleichungen angewendet werden kann, wenn man sich auf endliche Bereiche beschränkt. Das Integralzeichen in (4) darf tatsächlich aufgefaßt werden als Symbol für den Ausdruck

$$\int K(st)\, \varphi(t)\, dt + \sum_i K(st_i)\, \varphi(t_i)\, t_i,$$

wo t_i die konzentrierten Massen bezeichnet, und die Beziehungen für den belasteten Fall erhält man aus den entsprechenden für den unbelasteten durch Ersetzen des Integralzeichens durch die Summe

$$\int \cdots + \sum \cdots.$$

4. Einige Sätze aus der Theorie der linearen Integralgleichung zweiter Art mit symmetrischem Kern[2].

Wir betrachten zunächst die homogene Integralgleichung (3), die im Fall der freien Schwingungen gilt Sie ist als Grenzfall aufzufassen für ein System linearer Gleichungen

$$\varphi_i = \lambda \sum_{k=1}^{n} K_{ik}\, \varphi_k\, t_k, \qquad\qquad i = 1, 2, \ldots n$$

[1] KNESER, A.: Rend. Circ. mat. Palermo Bd. 37 (1914) S. 169.

[2] Eine kurze Einführung in die Theorie der linearen Integralgleichungen findet sich bei R. COURANT und D. HILBERT: Methoden der math. Physik Bd. 1,

wenn n nach unendlich geht. Alle Sätze für das lineare Gleichungssystem gelten analog für die Integralgleichung. Sie hat nur dann eine von identisch Null verschiedene Lösung, wenn λ einen der reellen positiven Werte $\lambda_1 < \lambda_2 < \cdots \lambda_i < \cdots$ annimmt, welche die Eigenwerte des Kernes $K(st)$ heißen. Zu jedem Eigenwert λ_i gehört im allgemeinen eine einzige Lösung $\varphi_i(s)$ der Integralgleichung. (In Sonderfällen können auch mehrere Lösungen zu einem Eigenwert gehören, doch soll dieser Fall nicht betrachtet werden, da man dann immer durch eine kleine Änderung des Systems erreichen kann, daß vorher zusammenliegende Eigenwerte auseinanderfallen.) Für je zwei Lösungen $\varphi_i(s)$ und $\varphi_k(s)$ gilt die Beziehung

$$\int \varphi_i(s)\,\varphi_k(s)\,ds = 0, \qquad\qquad i \neq k$$

d. h. die Eigenlösungen sind orthogonal zueinander. Die Eigenlösungen sind nur bis auf einen konstanten Faktor bestimmt, der zweckmäßig durch die Normierungsbedingung

$$\int \varphi_i^2(s)\,ds = 1$$

festgelegt wird.

Die unhomogene Gleichung (4) hat eine und nur eine Lösung, wenn der Parameter λ (Quadrat der Eigenfrequenz) nicht mit einem der Eigenwerte λ_i der homogenen Gleichung zusammenfällt. Ist λ mit einem der Werte λ_i identisch, dann läßt sich die inhomogene Gleichung nur lösen, wenn die Funktion $h(s)$ orthogonal ist zu der Eigenfunktion $\varphi_i(s)$, wenn also

$$\int h(s)\,\varphi_i(s)\,ds = 0$$

gilt. Die Lösung enthält dann noch eine willkürliche Konstante. Die Lösung von (4) läßt sich schreiben in der Form

$$\varphi(s) = h(s) + \lambda \int \Gamma(st\lambda)\,h(t)\,dt.$$

Für den lösenden Kern $\Gamma(st\lambda)$ gibt die Theorie der linearen Integralgleichung verschiedene Ausdrücke (NEUMANNsche Reihe, FREDHOLMsche Formeln), auf die hier nicht eingegangen werden soll. Dagegen ist es nützlich, auf die mechanische Bedeutung des lösenden Kernes hinzuweisen[1]. Nimmt man nämlich an, daß nur an einem einzigen Punkt t

Kap. III; vgl. auch Die Differential- und Integralgleichungen der Mathematik und Physik, herausgegeben von R. v. MISES, Bd. 1 Kap. XII, und den Handbuchartikel von J. LENSE: Handb. d. Physik Bd. 3 (Berlin 1928) S. 283. An Lehrbüchern seien weiter genannt: KNESER, A.: Die Integralgleichungen und ihre Anwendungen in der mathematischen Physik. Braunschweig 1922. — LOVITT, W. V.: Linear Integral Equations. New York 1924. — VIVANTI, G.: Elemente der Theorie der linearen Integralgleichungen. Übersetzt von F. SCHWANK. Hannover 1929. — WIKARDA, G.: Integralgleichungen. Leipzig 1930. — Ausführliche Literaturangaben finden sich bei E. HELLINGER u. O. TOEPLITZ: Enz. math. Wiss. II Bd. 32 (1928) S. 1335.

[1] VAN DEN DUNGEN, F. H.: Verh. 3. intern. Kongreß techn. Mech. Bd. 3 (Stockholm 1931) S. 150.

eine harmonische äußere Einzelkraft mit der Kraftamplitude 1 angreift, dann ist

$$h(s) = K(st),$$

und man erhält

$$\varphi(s) = K(st) + \lambda \int \Gamma(sr\lambda) K(rt)\, dr.$$

Nun gilt für den lösenden Kern die Funktionalgleichung[1]

$$\Gamma(st\lambda) = K(st) + \lambda \int \Gamma(sr\lambda) K(rt)\, dr,$$

und es folgt

$$\varphi(s) = \Gamma(st\lambda).$$

Der lösende Kern stellt also die Verschiebungsamplitude im Punkt s infolge einer im Punkt t angreifenden Einheitskraft dar, die mit der Frequenz $\sqrt{\lambda}$ harmonisch variiert. Es läßt sich zeigen, daß auch $\Gamma(st\lambda)$ in s und t symmetrisch ist. Nachdem die „harmonische Einflußfunktion" $\Gamma(st\lambda)$ bekannt ist, lassen sich alle Aufgaben, bei denen aus irgendwelchen gegebenen harmonisch variierenden äußeren Kräften

$$f(s)\, e^{i\sqrt{\lambda}\tau}$$

die Formen der erzwungenen Schwingung berechnet werden sollen, durch einfache Quadratur

$$\varphi(s) = \int \Gamma(st\lambda)\, df(t)$$

lösen, die lineare Superponierbarkeit der Kraftwirkungen gilt auch für zeitlich veränderliche Kräfte.

Die Eigenwerte λ_i des Kernes $K(st)$ ergeben sich als Wurzeln der Gleichung

$$(5) \qquad A_0 - A_1\lambda + A_2\lambda^2 - \cdots = 0,$$

wo die A_n durch die Rekursionsformeln

$$A_0 = 1, \qquad\qquad A_0(st) = K(st),$$
$$A_1 = \int K(ss)\, ds, \qquad A_1(st) = A_1 K(st) - \int K(sr) A_0(rt)\, dr,$$
$$\vdots \qquad\qquad\qquad \vdots$$
$$A_n = \frac{1}{n}\int A_{n-1}(ss)\, ds, \qquad A_n(st) = A_n K(st) - \int K(sr) A_{n-1}(rt)\, dr$$
$$\vdots \qquad\qquad\qquad \vdots$$

gegeben sind. Am fruchtbarsten für die Methoden zur angenäherten Berechnung der Eigenwerte haben sich deren Deutung als Extremalwerte gewisser Integralformen erwiesen. Es gelten folgende Sätze, die ebenfalls ihr vollkommenes Analogon in der Theorie der quadratischen Formen haben: Die Form

$$(6) \qquad \frac{\int \psi^2(s)\, ds}{\int\int K(st)\, \psi(s)\, \psi(t)\, ds\, dt}$$

---

[1] Z.B.: R. Courant u. D. Hilbert: Meth. math. Phys. Bd. 1 (1931) S. 119.

nimmt für $\psi = \varphi_1$ ein absolutes Minimum an, das den Wert λ_1 besitzt, die Form (6) nimmt unter der Nebenbedingung

$$\int \psi(s)\,\varphi_1(s)\,ds = 0$$

für $\psi = \varphi_2$ ein absolutes Minimum an, das den Wert λ_2 besitzt, allgemein nimmt (6) unter den Nebenbedingungen

$$(7) \qquad \int \psi(s)\,\varphi_i(s)\,ds = 0 \qquad\qquad i = 1, 2, \ldots n - 1$$

für $\psi = \varphi_n$ ein absolutes Minimum an, das den Wert λ_n besitzt. Das Integral im Nenner von (6) kann aufgefaßt werden als doppelte Deformationsarbeit des elastischen Körpers, wenn dieser mit äußeren Kräften $\psi(s)\,ds$ belastet wird, denn $\int K(st)\,\psi(s)\,ds$ ist dann die Verschiebung des Lastangriffspunktes an der Stelle t. Diese Arbeit und damit die Form (6) ist sicher positiv, woraus folgt, daß alle Eigenwerte positiv sind.

Ein für die angenäherte Berechnung der Obertöne wichtiger Satz sagt aus, daß das Minimum von (6) *kleiner* wird, wenn statt der Nebenbedingungen (7) andere von der Form

$$(8) \qquad \int \psi(s)\,v_i(s)\,ds = 0 \qquad\qquad i = 1, 2, \ldots n - 1$$

verwendet werden, wo die $v_1(s)$, $v_2(s)$, $\ldots v_{n-1}(s)$ beliebige Funktionen sind[1]. Schließlich seien noch einige Entwicklungstheoreme, die gebraucht werden, angegeben. Für den Kern $K(st)$ gilt die bilineare gleichmäßig konvergente Entwicklung

$$(9) \qquad K(st) = \sum_i{}' \frac{\varphi_i(s)\,\varphi_i(t)}{\lambda_i}.$$

Durch die Beziehungen

$$K^2(st) = \int K(sr)\,K(rt)\,dr,$$
$$K^3(st) = \int K^2(sr)\,K(rt)\,dr,$$
$$\vdots \qquad\qquad \vdots$$
$$K^\nu(st) = \int K^{\nu-1}(sr)\,K(rt)\,dr$$

erhält man den ν-ten iterierten Kern $K^\nu(st)$, für den die gleichmäßig konvergente Entwicklung

$$(10) \qquad K^\nu(st) = \sum_i{}' \frac{\varphi_i(s)\,\varphi_i(t)}{\lambda_i^\nu}$$

gilt. Läßt sich eine Funktion $f(s)$ vermittels irgendeiner anderen Funktion $g(s)$ „quellenmäßig", d. h. in der Form

$$f(s) = \int K(st)\,g(t)\,dt$$

darstellen, dann besteht die gleichmäßig konvergente Entwicklung

$$(11) \qquad f(s) = \sum_i{}' f_i\,\varphi_i(s),$$

---

[1] Courant, R.: Z. angew. Math. Mech. Bd. 2 (1922) S. 278.

worin die Entwicklungskoeffizienten durch

$$f_i = \int f(s)\, \varphi_i(s)\, ds$$

gegeben sind. (Die Eigenfunktionen φ_i sind hierbei wie auch im folgenden immer als normiert vorausgesetzt.) Stellt $K(st)$ die Einflußfunktion irgendeines elastischen Kontinuums dar, dann ist die Zahl der Eigenwerte unendlich, und die Eigenfunktionen bilden ein „vollständiges" System, d. h. es ist jede quellenmäßig darstellbare Funktion entsprechend (11) nach den Eigenlösungen entwickelbar.

5. Methoden, welche die explizite Kenntnis der Einflußfunktion erfordern.

Die Frequenzgleichung (5) läßt sich zur angenäherten Bestimmung der ersten n Eigenwerte verwenden, wenn man in dieser Gleichung nur die ersten $n + 1$ Glieder berücksichtigt. Es bleibt dann eine Gleichung n ten Grades für λ übrig, deren Wurzeln man etwa mit Hilfe der GRAEFFE-schen Methode aufsuchen kann. Die höheren Eigenwerte ergeben sich auf diese Weise mit wachsendem Fehler, so daß etwa für $n = 5$ nur die ersten beiden Eigenwerte brauchbar angenähert werden. Für die Wurzeln gilt bekanntlich

$$\frac{1}{\lambda_1} + \frac{1}{\lambda_2} + \cdots + \frac{1}{\lambda_n} = A_1,$$

$$\frac{1}{\lambda_1\lambda_2} + \frac{1}{\lambda_1\lambda_3} + \cdots + \frac{1}{\lambda_{n-1}\lambda_n} = A_2,$$

$$\vdots \qquad \vdots \qquad\qquad \vdots \qquad \vdots$$

und man erhält die Abschätzungen

$$(12) \qquad \lambda_1 \gtreqqless \frac{1}{A_1}, \qquad \lambda_2 \gtreqqless \frac{1}{\lambda_1 A_2}.$$

Die Abschätzungen sind um so genauer, je größer der Abstand zwischen dem ersten und zweiten bzw. zwischen dem zweiten und den folgenden Eigenwerten ist. Die Näherung (12) ist zwar im Vergleich zu anderen Verfahren schlechter[1], doch ist zu bemerken, daß die meist angewendeten Verfahren eine obere Grenze für den kleinsten Eigenwert liefern, während man hier eine untere Grenze erhält, die zur Kontrolle erwünscht sein kann.

Die erste der Abschätzungen (12) läßt sich verbessern, wenn man die iterierten Kerne verwendet. Durch Integration von (10) und Berücksichtigung der Normierungsbedingung für die Eigenlösungen erhält man

$$\int K^\nu(ss)\, ds = \sum_i \frac{1}{\lambda_i^\nu},$$

---

[1] Siehe das Beispiel in **16a** dieses Artikels.

woraus folgt

$$(13) \qquad \lambda_1 \geqq \frac{1}{\sqrt[\nu]{\int K^\nu (ss)\, ds}} \qquad \text{und}$$

$$\lambda_1 = \lim_{\nu \to \infty} \frac{1}{\sqrt[\nu]{\int K^\nu (ss)\, ds}}\,.$$

Entsprechende Formeln für die höheren Eigenwerte erhält man unter Verwendung der Sätze von J. SCHUR[1] über assoziierte Kerne. Der νte assoziierte Kern

$$(14) \qquad K\begin{pmatrix} s_1 \ \cdots \ s_\nu \\ t_1 \ \cdots \ t_\nu \end{pmatrix} = \frac{1}{n!} \begin{vmatrix} K(s_1 t_1) \ \cdots \ K(s_1 t_\nu) \\ K(s_\nu t_1) \ \cdots \ K(s_\nu t_\nu) \end{vmatrix}$$

hat nämlich als Eigenwerte alle möglichen νfachen Produkte der Eigenwerte des Kernes $K(st)$, und die zugehörigen Eigenlösungen heißen

$$(15) \qquad \Phi(s_1 \ldots s_\nu) = \begin{vmatrix} \varphi_1(s_1) \ \cdots \ \varphi_1(s_\nu) \\ \varphi_\nu(s_1) \ \cdots \ \varphi_\nu(s_\nu) \end{vmatrix}.$$

Der kleinste Eigenwert des νten assoziierten Kerns ist $\lambda_1 \lambda_2 \ldots \lambda_\nu$, und man erhält vermittels (12) oder (13), angewendet auf den assoziierten Kern, Abschätzungen für dieses Produkt. Zur Berechnung der ersten, beiden Eigenwerte geht man z. B. aus von den Näherungen

$$\frac{1}{\lambda_1} + \frac{1}{\lambda_2} = \int K(ss)\, ds\,,$$

$$\frac{1}{\lambda_1 \lambda_2} = \frac{1}{2} \iint \begin{vmatrix} K(ss) \ K(st) \\ K(ts) \ K(tt) \end{vmatrix} ds\, dt$$

und erhält für λ_1 eine bessere Approximation als (12)[2].

Anstatt in der Frequenzgleichung (5) nur die ersten $n + 1$ Glieder zu berücksichtigen, kann man auch unmittelbar die Integralgleichung durch ein System von n linearen Gleichungen ersetzen. Man bestimmt die Einflußfunktion z. B. in äquidistanten Abständen und approximiert das Integral auf der rechten Seite von (3) durch

$$\int K(s_k t)\, \varphi(t)\, dt \approx \sum_{i=1}^{n} c_i K(s_k t_i)\, \varphi(t_i)\, t_i. \qquad k = 1, 2, \ldots n$$

Je nachdem, welche Formel für die numerische Integration gewählt wird, ergeben sich andere Beiwerte c_i. Man könnte vermuten, daß diejenigen Integralformeln, welchen Parabeln höherer Ordnung zugrunde liegen, bessere Ergebnisse liefern müßten als etwa die Trapez-

<hr>

[1] SCHUR, I.: Math. Ann. Bd. 67 (1909) S. 306.

[2] Diese Beziehungen sind bei der Behandlung von Transversalschwingungen von Stäben benutzt worden von R. C. J. HOWLAND: Philos. Mag. (7) Bd. 3 (1927) S. 513. Auf die Verwendbarkeit der Formeln für die Eigenwerte assoziierter Kerne weist hin F. H. VAN DEN DUNGEN: Z. angew. Math. Mech. Bd. 8 (1928) S. 225 — C. R. Acad. Sci., Paris Bd. 184 (1927) S. 1413.

regel, doch trifft das nur für den Grundton zu. Dagegen gibt die Trapezregel für die höheren Eigenwerte oft weit bessere Näherungen als die SIMPSONsche Regel oder entsprechende mit Parabeln höherer Ordnung [1]. Es ist dies darauf zurückzuführen, daß die höheren Eigenfunktionen mit ihren zahlreichen Bäuchen, Knoten- und Wendepunkten immer noch besser durch einen Polygonzug als etwa durch je drei Punkte verbindende Parabeln approximiert werden. Für die Auflösung der Frequenzdeterminante sind die Rekursionsformeln für die in (5) auftretenden Koeffizienten A_i nicht gut geeignet. Da die Behandlung einer Frequenzdeterminante bei einigen weiteren Verfahren notwendig wird, stehen Bemerkungen hierüber erst am Ende des ersten Abschnitts.

Wenn es gelingt, den Kern in eine rasch konvergierende Reihe zu entwickeln, ist ein Ersatz des Kernes durch einen sog. „ausgearteten" vom Polynomtypus, der nur die ersten Glieder der Entwicklung enthält, von Vorteil. Der Kern sei angenähert dargestellt durch

$$K(st) \approx \sum_{i=1}^{n} \alpha_i(s)\, \beta_i(t)\,.$$

Die Integralgleichung (3) heißt dann

$$\varphi(s) = \lambda \sum_{i=1}^{n} \alpha_i(s) \int \beta_i(t)\, \varphi(t)\, dt\,.$$

Multiplikation mit $\beta_k(s)$ und Integration liefert

$$(16) \qquad\qquad x_k = \lambda \sum_{i=1}^{n} c_{ki}\, x_i\,, \qquad\qquad k = 1, 2, \ldots n$$

wo
$$x_i = \int \beta_i(s)\, \varphi(s)\, ds$$
und
$$c_{ki} = \int \beta_k(s)\, \alpha_i(s)\, ds\,.$$

Man hat jetzt nur noch die n linearen homogenen Gleichungen (16) aufzulösen und erhält dadurch Näherungen für die ersten n Eigenwerte und Eigenfunktionen [2].

Zusammenfassend ist zu den Methoden, welche die Kenntnis der Einflußfunktion erfordern, zu bemerken, daß die große Allgemeinheit der Methoden und die Schönheit und Geschlossenheit der mathematischen Theorie nicht dazu verleiten darf, die praktische Bedeutung dieser Methoden zu überschätzen. Wenn die Differentialgleichungen und die Randbedingungen für die Schwingungen eines Elastikums gegeben sind, wird es meist zweckmäßiger sein, die Differentialgleichung unmittelbar zu integrieren, anstatt die Lösung mit Hilfe der GREENschen Funktion

---

[1] Auf diese Tatsache machte aufmerksam R. C. J. HOWLAND, Philos. Mag. (7) Bd. 3 (1927) S. 513; vgl. auch das Beispiel in **16a** dieses Artikels.

[2] Eine Anwendung dieser Methode auf Transversalschwingungen von Stäben gab E. SCHWERIN: Z. techn. Physik Bd. 8 (1927) S. 264 — Verh. 2. intern. Kongreß techn. Mech., S. 138. Zürich 1926.

zu gewinnen. Dagegen ist die Verwendung der Einflußfunktion angebracht, wenn es sich darum handelt, statische Belastungsversuche als Grundlage für die Berechnung von Schwingungen zu benutzen[1].

6. Das Iterationsverfahren zur Berechnung des kleinsten Eigenwertes.

Das Iterationsverfahren steht in engem Zusammenhang mit der Methode der sukzessiven Approximation, die zu einem sehr allgemein verwendbaren und häufig benutzten Hilfsmittel zur numerischen Auflösung von Differentialgleichungen der verschiedensten Typen geworden ist. H. A. SCHWARZ[2] machte wohl zum erstenmal Gebrauch von der Methode für allgemeine Untersuchungen über die Lösung der Differentialgleichung $\Delta u + p(xy)u = 0$. Die Methode wurde weiter entwickelt von E. PICCARD[3]. Auf ein technisches Problem, nämlich das der Stabknickung, wurde das Verfahren zuerst von L. VIANELLO[4] angewendet. R. VON MISES[5] brachte das bekannte STODOLAsche Verfahren zur Berechnung der kritischen Drehzahlen umlaufender Wellen[6] in Zusammenhang mit PICCARDS Methode der sukzessiven Approximation und wies darauf hin, daß die Konvergenz der Methode auch für die Differentialgleichung der Stabschwingung

$$(p\,y'')'' - \lambda q y = 0$$

gilt, wodurch die empirisch festgestellte Konvergenz des STODOLAschen Verfahrens auch mathematisch begründet wurde. Wir deuten einen allgemeinen Beweis für die Konvergenz des Iterationsverfahrens an, der von der Integralgleichung (3) ausgeht und daher sämtliche Fälle von Schwingungen elastischer Körper umfaßt. Es sei $f(s)$ eine beschränkte, aber sonst beliebige, nach Eigenfunktionen von $K(st)$ entwickelbare Funktion, so daß die Reihe

$$f(s) = \sum_i f_i \varphi_i(s)$$

mit

$$f_i = \int f(s)\,\varphi_i(s)\,ds$$

gleichmäßig konvergiert. Man bildet die Funktionenfolge

$$\psi_0(s) = f(s),$$

$$\psi_1(s) = \int K(st)\,\psi_0(t)\,dt,$$

$$\vdots \qquad \vdots$$

$$\psi_n(s) = \int K(st)\,\psi_{n-1}(t)\,dt$$

[1] Vgl. W. PRAGER: Bauingenieur Bd. 8 (1927) S. 923.

[2] SCHWARZ, H. A.: Gesammelte mathematische Abhandlungen Bd. 1 (Berlin 1890) S. 241—265.

[3] PICCARD, E.: Traité d'Analyse Bd. 3 (Paris 1928) Kap. 6.

[4] VIANELLO, L.: Z. Ver. Deutsch. Ing. Bd. 42 (1898) S. 1436.

[5] MISES, R. v.: Mh. Math. Phys. Bd. 22 (1911) S. 33.

[6] STODOLA, A.: Dampf- und Gasturbinen, S. 381. Berlin 1924.

und erhält durch Einsetzen der Reihe für $f(s)$, die gliedweise integriert werden darf, und unter Berücksichtigung der Beziehung

$$\int K(st)\,\varphi_i(t)\,dt = \frac{\varphi_i(s)}{\lambda_i}$$

die Reihe

$$\psi_n(s) = \sum_i{}' \frac{f_i\varphi_i(s)}{\lambda_i^n}.$$

Die $\varphi_i(s)$ sind beschränkt, man hat daher

$$\psi_n(s) = \frac{f_1\varphi_1(s)}{\lambda_1^n} + \varepsilon(s),$$

wobei die obere Schranke der Funktion $\varepsilon(s)$ gegenüber derjenigen des ersten Gliedes auf der rechten Seite mit wachsendem n kleiner wird. Es gilt daher

$$\lambda_1 = \lim_{n\to\infty} \sqrt[n]{f_1\,\frac{\varphi_1(s)}{\psi_n(s)}}$$

oder

$$(17) \qquad \lambda_1 = \lim_{n\to\infty} \frac{\psi_n(s)}{\psi_{n+1}(s)}.$$

In der Rekursionsformel

$$\psi_n(s) = \int K(st)\,\psi_{n-1}(t)\,dt$$

läßt sich $\psi_n(s)$ als Deformation durch die Kräfte $\psi_{n-1}(s)$ deuten. Die Aufgabe, die Eigenschwingungsform und -zahl der ersten Eigenschwingung zu finden, ist zurückgeführt auf die einfachere, aus bekannten Kräften die elastischen Verschiebungen zu ermitteln. Diese Aufgabe kann durch graphische, numerische oder analytische Integration der Differentialgleichung für das betreffende Elastikum gelöst werden, ohne daß die Kenntnis der Einflußfunktion erforderlich ist. Da im Grenzfall die Funktion $\psi_n(s)$ bis auf einen konstanten Faktor mit der ersten Eigenfunktion $\varphi_1(s)$ übereinstimmt, ist die Konvergenz um so besser, je genauer $\varphi_1(s)$ durch die Ausgangsfunktion $f(s)$ angenähert wird. Die Konvergenz ist jedoch in allen Fällen sehr gut, d. h. nach sehr wenigen Schritten (in der Regel genügen 2 bis 3) unterscheiden sich die Funktionen $\psi_{n-1}(s)$ und $\psi_n(s)$ im wesentlichen nur noch um einen konstanten Faktor, d. h. sind einander „ähnlich", auch dann, wenn als Ausgangsfunktion $\psi_0(s)$ eine von der ersten Eigenfunktion erheblich abweichende Funktion, etwa eine Konstante, eingesetzt wird. Das Verfahren gilt zunächst nur für die Berechnung des Grundtons, dessen Kenntnis oft allein interessiert, da man vielfach die Betriebsdrehzahl so zu legen wünscht, daß die niedrigste Resonanz oberhalb derselben liegt.

7. Beschleunigung der Konvergenz durch Mittelwertbildung.

Wenn man die Iterationen noch nicht so weit durchgeführt hat, daß die aufeinanderfolgenden Näherungsfunktionen genügend genau einander ähnlich sind, hängt der Näherungswert

$$(18) \qquad \lambda_1 \approx \frac{\psi_{n-1}(s)}{\psi_n(s)}$$

davon ab, für welche Stelle s man die Funktionswerte genommen hat. Es liegt nahe, statt der willkürlichen Wahl einer solchen Stelle einen Mittelwert über den gesamten Bereich vorzunehmen. R. GRAMMEL[1] vergleicht an einem einfachen Beispiel die Güte von vier Mittelwertbildungen und findet, daß diejenige am vorteilhaftesten ist, welche sich auch weiter unten als Ausdruck für ein Minimumprinzip von Lord RAYLEIGH ergeben wird. Man hat danach für den kleinsten Eigenwert die Näherung

$$(19) \qquad \lambda_1 \approx \frac{\int \psi_n(s)\,\psi_{n-1}(s)\,ds}{\int \psi_n^2(s)\,ds}$$

zu benutzen, welche eine ganz wesentliche Abkürzung des Iterationsverfahrens gestattet. In fast allen Fällen ist es zulässig, das Verfahren nach dem ersten Schritt abzubrechen und λ_1 nach (19) zu bestimmen.

Eine andere Art der Mittelwertbildung erhält man unter Benutzung der in **4** erwähnten Extremumseigenschaft des kleinsten Eigenwerts. Dieser ist ja gleich dem Minimum, welches die Integralform

$$\frac{\int \psi^2(s)\,ds}{\int\int K(st)\,\psi(s)\,\psi(t)\,ds\,dt}$$

annehmen kann. Setzt man hierin die Funktion $\psi_{n-1}(s)$ ein, dann erhält man die Ungleichung

$$(20) \qquad \lambda_1 \leqq \frac{\int \psi_{n-1}^2(s)\,ds}{\int \psi_n(s)\,\psi_{n-1}(s)\,ds}.$$

Die Mittelwertbildung (20) gibt also eine obere Grenze für den kleinsten Eigenwert an. Man kann nun folgende Ungleichungen beweisen:

$$\lambda_1 \leqq \frac{\int \psi_n^2(s)\,ds}{\int \psi_n(s)\,\psi_{n+1}(s)\,ds} \leqq \frac{\int \psi_n(s)\,\psi_{n-1}(s)\,ds}{\int \psi_n^2(s)\,ds} \leqq \frac{\int \psi_{n-1}^2(s)\,ds}{\int \psi_n(s)\,\psi_{n-1}(s)\,ds}.$$

Die erste entspricht der Beziehung (20), wenn dort $\psi_n(s)$ statt $\psi_{n-1}(s)$ gesetzt wird. Die letzte ist die SCHWARZsche Ungleichung

$$\left[\int \psi_n(s)\,\psi_{n-1}(s)\,ds\right]^2 \leqq \int \psi_n^2(s)\,ds \int \psi_{n-1}^2(s)\,ds.$$

Die mittlere Ungleichung heißt

$$(21) \qquad \left[\int \psi_n^2(s)\,ds\right]^2 \leqq \int \psi_n(s)\,\psi_{n-1}(s)\,ds \int \psi_n(s)\,\psi_{n+1}(s)\,ds.$$

---

[1] GRAMMEL, R.: Ergebn. der exakten Naturwissenschaften Bd. 1 (Berlin 1922) S. 93—119.

Verwendet man die Entwicklung von $\psi_n(s)$ nach den Eigenfunktionen von $K(st)$, dann erhält man unter Berücksichtigung von

$$\int \varphi_i(s)\,\varphi_k(s)\,ds \quad \begin{aligned} &= 1 \quad \text{für} \quad i = k \\ &= 0 \quad \text{für} \quad i \neq k \end{aligned}$$

die Beziehungen

$$\int \psi_n^2(s)\,ds = \sum_i \frac{f_i^2}{\lambda_i^{2n}},$$

$$\int \psi_n(s)\,\psi_{n+1}(s)\,ds = \sum_i \frac{f_i^2}{\lambda_i^{2n+1}},$$

$$\int \psi_n(s)\,\psi_{n-1}(s)\,ds = \sum_i \frac{f_i^2}{\lambda_i^{2n-1}}.$$

Dann ist aber

$$\left[\sum_i \frac{f_i^2}{\lambda_i^{2n}}\right]^2 \leq \left[\sum_i \frac{f_i^2}{\lambda_i^{2n}}\,\lambda_i\right]\left[\sum_i \frac{f_i^2}{\lambda_i^{2n}}\cdot\frac{1}{\lambda_i}\right]$$

nichts anderes als die SCHWARZsche Ungleichung, wenn man

$$\frac{f_i}{\lambda_i^n}\,\sqrt{\lambda_i} = a_i, \qquad \frac{f_i}{\lambda_i^n}\cdot\frac{1}{\sqrt{\lambda_i}} = b_i$$

setzt. Es stellt also auch (19) eine obere Grenze für λ_1 dar, und zwar eine genauere als (20). Daß die Näherung (19) besser sein muß als (20), ist plausibel, da in (19) der nächsthöhere Schritt ψ_n in Zähler *und* Nenner vorkommt, während er in (20) nur im Nenner erscheint.

8. Das Iterationsverfahren für die höheren Eigenwerte.

Es sind einige Erweiterungen der Iterationsmethode auf die Berechnung der höheren Eigenwerte vorgeschlagen worden, die jedoch nicht mehr so bequem zu handhaben sind und zum Teil an dem Übelstand leiden, daß die Rechnungen mit sehr großer Genauigkeit durchgeführt werden müssen. Der ursprüngliche Gedanke war der, nachdem λ_1 und $\varphi_1(s)$ ermittelt sind, die Ausgangsfunktion $f(s)$ vom Bestandteil der ersten Eigenfunktion zu befreien, also von einer Funktion

$$\psi_0(s) = f(s) - f_1\varphi_1(s)$$

auszugehen und hierauf das gewöhnliche Iterationsverfahren anzuwenden. Man erhält dann

$$\psi_n(s) = \sum_{i=2}^{\infty} \frac{f_i\varphi_i(s)}{\lambda_i^n},$$

und die Folge $\psi_n(s)$ müßte nach der zweiten Eigenfunktion konvergieren, wenn tatsächlich für $\varphi_1(s)$ die exakte erste Eigenfunktion eingesetzt werden könnte. Da jedoch $\varphi_1(s)$ auch nur durch eine Näherungsmethode gefunden werden kann und im allgemeinen nur in Form einer Kurve oder einer Zahlentafel vorliegt, wird man das Glied mit $\varphi_1(s)$ niemals völlig ausmerzen können, und die Entwicklung von $\psi_n(s)$ nach den Eigenfunktionen wird immer von der Form sein

$$\psi_n(s) = \frac{c\,\varphi_1(s)}{\lambda_1^n} + \sum_{i=2}^{\infty} \frac{f_i\,\varphi_i(s)}{\lambda_i^n},$$

worin c um so kleiner ist, je genauer die Näherung für die erste Eigenfunktion war. Man sieht, daß nach genügend vielen Schritten für beliebig kleines c die Folge $\psi_n(s)$ nach der ersten und nicht wie gewünscht nach der zweiten Eigenfunktion konvergiert. Man kann jedoch die Konvergenz nach der zweiten Eigenfunktion dadurch erzwingen, daß man nach jedem Schritt von neuem das Glied mit $\varphi_1(s)$ beseitigt[1]. Es seien $\bar{\lambda}_1$ und $\bar{\varphi}_1(s)$ die gewonnenen Näherungen für λ_1 und $\varphi_1(s)$, man bildet dann die Folge

$$\psi_0(s) = f(s),$$
$$\bar{\psi}_0(s) = \psi_0(s) - \bar{\varphi}_1(s) \int \psi_0(s)\,\bar{\varphi}_1(s)\,ds,$$
$$\psi_1(s) = \int K(st)\,\bar{\psi}_0(t)\,dt,$$
$$\bar{\psi}_1(s) = \psi_1(s) - \frac{\bar{\varphi}_1(s)\int\psi_1(s)\,\bar{\varphi}_1(s)\,ds}{\bar{\lambda}_1},$$
$$\vdots \qquad \vdots \qquad \vdots$$
$$\psi_n(s) = \int K(st)\,\bar{\psi}_{n-1}(t)\,dt,$$
$$\bar{\psi}_n(s) = \psi_n(s) - \frac{\bar{\varphi}_1(s)\int\psi_n(s)\,\bar{\varphi}_1(s)\,ds}{\bar{\lambda}_1^n}.$$

Es ist also jede einzelne Funktion der Folge $\bar{\psi}_n(s)$ orthogonal zu $\bar{\varphi}_1(s)$. Die Folge $\bar{\psi}_n(s)$ konvergiert nach einer Grenzfunktion, die eine um so bessere Näherung für $\varphi_2(s)$ darstellt, je genauer die verwendeten Näherungen $\bar{\varphi}_1(s)$ und $\bar{\lambda}_1$ mit $\varphi_1(s)$ und λ_1 übereingestimmt haben. Der zweite Eigenwert ist angenähert gegeben durch

$$\lambda_2 \approx \frac{\bar{\psi}_{n-1}(s)}{\bar{\psi}_n(s)},$$

und das Verfahren kann wieder durch Mittelwertbildungen wie (19) und (20) erheblich abgekürzt werden. Nachdem Näherungen für $\varphi_2(s)$ und λ_2 bekannt sind, lassen sich entsprechend auch $\varphi_3(s)$ und λ_3 berechnen. Die Konvergenz ist wieder um so besser, je genauer $\varphi_2(s)$ durch die Ausgangsfunktion $f(s)$ angenähert wird. Es genügen jedoch auch hier sehr wenige Schritte (bei Anwendung der Mittelwertbildung ein einziger Schritt), und als Ausgangsfunktion kann wieder $f(s) = \pm 1$ genommen werden. Die Nullstelle von $f(s) = \pm 1$ bestimmt man dann zweckmäßig aus der Bedingung

$$\int f(s)\,\bar{\varphi}_1(s)\,ds = 0.$$

---

[1] Koch, J. J.: Verh. 2. intern. Kongreß techn. Mech., S. 213. Zürich 1926.

An Stelle der sukzessiven Ermittlung der Eigenwerte schlägt F. H. van den Dungen[1] eine gleichzeitige Berechnung derselben vor. Aus der Reihe für $\psi_n(s)$

$$\psi_n(s) = \sum_i{}' \frac{f_i\,\varphi_i(s)}{\lambda_i^n}$$

folgt auch

$$(22) \qquad \lambda_1\lambda_2 = \lim_{n\to\infty} \frac{\psi_{n-1}(s)\,\psi_{n+1}(s) - \psi_n^2(s)}{\psi_n(s)\,\psi_{n+2}(s) - \psi_{n+1}^2(s)}$$

und ähnliche Formeln für die Produkte $\lambda_1\lambda_2\lambda_3\ldots$ Es ist also ausreichend, sich eine einzige Funktionenfolge $\psi_n(s)$ zu berechnen, um nach (17) und (22) die ersten beiden Eigenwerte und entsprechend auch höhere zu erhalten. Im Grenzfall $n = \infty$ sind Zähler und Nenner von (22) Null, wie man aus (17) ersieht. Nun werden die Funktionen $\psi_{n-1}(s)$ und $\psi_n(s)$, wie oben bemerkt wurde, nach sehr wenigen Schritten einander ähnlich, in (22) wird aber gerade die Abweichung von der Ähnlichkeit verwendet, so daß eine sehr exakte Berechnung der $\psi_n(s)$ nötig ist. Dadurch wird aber der Vorteil, daß nur eine einzige Funktionenfolge gebildet zu werden braucht, wieder aufgehoben.

Es sei noch erwähnt, daß man auch bei der gleichzeitigen Berechnung der Eigenwerte das Iterationsverfahren durch Mittelwertbildungen erheblich abkürzen kann. Am geeignetsten ist wieder die Mittelwertbildung, welche (19) entspricht. Eine solche Formel ist z. B. gegeben durch[2]

$$(23) \qquad \lambda_1\lambda_2 \approx \frac{\int\psi_{n-1}\psi_n\,ds\int\psi_n\psi_{n+1}\,ds - \int\psi_{n-1}\psi_{n+1}\,ds\int\psi_n^2\,ds}{\int\psi_n^2\,ds\int\psi_{n+1}^2\,ds - \left[\int\psi_n\psi_{n+1}\,ds\right]^2}.$$

Man kommt zu dieser Beziehung durch Betrachtung des zweiten assoziierten Kernes $K\!\left(\begin{smallmatrix}s_1\,s_2\\t_1\,t_2\end{smallmatrix}\right)$. (23) ist dann nichts anderes als die Näherung (19) für den kleinsten Eigenwert $\lambda_1\lambda_2$ des assoziierten Kernes, die rechte Seite von (23) stellt daher eine obere Grenze für das Produkt $\lambda_1\lambda_2$ dar. Natürlich hilft auch die Mittelwertbildung nicht über die Tatsache hinweg, daß die Rechnung mit einer großen Stellenzahl angelegt werden muß, denn auch in (23) gehen mit wachsendem n Zähler und Nenner gegen Null.

Eine andere Erweiterung des Iterationsverfahrens[3] geht von zwei Ausgangsfunktionen aus. Man bildet die Folgen

$$\psi_0(s) = f(s), \qquad\qquad X_0(s) = g(s),$$
$$\psi_1(s) = \int K(st)\,\psi_0(t)\,dt, \qquad\qquad X_1(s) = \int K(st)\,X_0(t)\,dt,$$
$$\vdots \qquad\qquad\qquad\qquad \vdots$$
$$\psi_n(s) = \int K(st)\,\psi_{n-1}(t)\,dt, \qquad X_n(s) = \int K(st)\,X_{n-1}(t)\,dt.$$

---

[1] van den Dungen, F. H.: C. R. Acad. Sci., Paris Bd. 176 (1923) S. 1864.

[2] van den Dungen, F. H.: Z. angew. Math. Mech. Bd. 8 (1928) S. 225 — C. R. Acad. Sci., Paris Bd. 184 (1927) S. 1413. Eine ganz ähnliche Beziehung gibt an G. Temple: Proc. London Math. Soc. Bd. 29 (1929) S. 257.

[3] Mises, R. v., u. H. Pollaczek-Geiringer: Z. angew. Math. Mech. Bd. 9 (1929) S. 156.

Aus den Entwicklungen von $f(s)$ und $g(s)$ nach den Eigenlösungen von $K(st)$ folgt der Grenzwert

$$\lambda_2 = \lim_{n \to \infty} \frac{g_1 \psi_{n-1}(s) - f_1 X_{n-1}(s)}{g_1 \psi_n(s) - f_1 X_n(s)},$$

worin wieder

$$f_1 = \int f(s)\, \varphi_1(s)\, ds, \qquad g_1 = \int g(s)\, \varphi_1(s)\, ds$$

ist. Entsprechende Formeln lassen sich für die höheren Eigenwerte aufstellen, wenn man von mehreren Ausgangsfunktionen ausgeht. Für diese Formeln gelten dieselben Bemerkungen wie für (22). Nach sehr wenigen Schritten sind die Funktionen $\psi_n(s)$ und $X_n(s)$ einander ähnlich, es wird aber wieder gerade die Abweichung von der Ähnlichkeit verwendet, mit wachsendem n gehen Zähler und Nenner gegen Null, und es ist die gleiche Genauigkeit der Rechnung erforderlich wie für das vorher besprochene Verfahren. Diese Genauigkeit ist um so schwieriger zu erreichen, als man im allgemeinen alle Integrationen auf numerischem Wege erledigen muß. Es ergibt sich daher die Notwendigkeit, die Intervallteilung sehr eng zu gestalten, graphische Integrationen können wegen der geringeren Genauigkeit schon gar nicht mehr verwendet werden.

9. Die Extremalprinzipien der Elastokinetik.

Die Eigenwerte sind durch zwei äquivalente Extremalprinzipien gekennzeichnet, die in der technischen Literatur gelegentlich verwechselt und nicht klar auseinandergehalten worden sind. Eines derselben wurde in **4** formuliert und bezieht sich auf die Minimumeigenschaften der Form (6). Ein äquivalentes Minimumprinzip, das man auch oft das RAYLEIGHsche Prinzip nennt[1], und an welchem ebenfalls wichtige und brauchbare Näherungsmethoden für die Eigenwerte anknüpfen, soll im folgenden behandelt werden. Es möge sich um einen elastischen Körper handeln, der so gelagert ist, daß während der freien Schwingungen die Oberflächenkräfte keine Arbeit leisten (starre Stützen). Der Zusammenhang zwischen den Verschiebungen $\psi(s)$ und den äußeren Kräften $f(s)$, welche diese Verschiebungen erzeugen, sei vermittels der Einflußfunktion $K(st)$ gegeben durch

$$(24) \qquad \psi(s) = \int K(st)\, f(t)\, dt.$$

Man beachte, daß dt ein *Massenelement* und nicht ein Längenelement bedeutet. Dementsprechend stellen die Funktionen $f(s)$ und alle im weiteren vorkommenden Kräfteverteilungen nicht die Kraftdichte, sondern den Quotienten Kraftdichte durch Massendichte dar. Durch formale Auflösung der Gleichung (24) nach $f(s)$ erhält man

$$(24\text{a}) \qquad f(s) = \int \breve{K}(st)\, \psi(t)\, dt.$$

---

[1] Lord RAYLEIGH: Theory of Sound, Kap. 4.

$\check{K}(st)$ ist der zu $K(st)$ reziproke Kern und bedeutet die Kraft in s infolge der Auslenkung Eins in t. Diese Kraft verschwindet an allen Punkten s bis auf eine gewisse Lastsingularität in t. Das Integral in (24a) ist ein uneigentliches Integral und steht an Stelle eines Differentialausdrucks $L(\psi)$. Die symbolische Schreibweise (24a) ist gewählt worden, um den Zusammenhang der beiden Extremalprinzipien deutlicher zu machen. Bedeutet A^ε die Formänderungsarbeit je Masseneinheit, ausgedrückt in den Dehnungen ε bzw. in den Verschiebungen, dann gilt für die erste Eigenschwingung φ_1 die Arbeitsgleichung

$$\int A^\varepsilon\, ds - \frac{\lambda_1}{2} \int \varphi_1^2\, ds = 0,$$

welche besagt, daß die potentielle Energie der Auslenkungsform φ_1 gleich der Arbeit der äußeren Trägheitskräfte

$$f_1 = \lambda_1 \varphi_1$$

ist. Die Arbeitsgleichung kann auch in der Form

$$\int\int \check{K}(st)\, \varphi_1(s)\, \varphi_1(t)\, ds\, dt - \lambda_1 \int \varphi_1^2(s)\, ds = 0$$

geschrieben werden.

(24a) geht für den Fall einer harmonischen freien Schwingung φ_i über in

$$\lambda_i \varphi_i(s) = \int \check{K}(st)\, \varphi_i(t)\, dt,$$

und durch Multiplikation mit $\varphi_k(s)$ und Integration folgen daraus unter Berücksichtigung von

$$\int \varphi_i(s)\, \varphi_k(s)\, ds \begin{cases} = 0 & \text{für} \quad i \neq k, \\ = 1 & \text{für} \quad i = k \end{cases}$$

die Beziehungen

$$\int\int \check{K}(st)\, \varphi_i(s)\, \varphi_k(t)\, ds\, dt \begin{cases} = 0 & \text{für} \quad i \neq k, \\ = \lambda_i & \text{für} \quad i = k. \end{cases}$$

Um zu untersuchen, wie sich die Arbeitsgleichung ändert, wenn an Stelle von $\varphi_1(s)$ irgendeine andere geschätzte Funktion $\psi(s)$ eingesetzt wird, denken wir uns $\psi(s)$ nach den Eigenfunktionen von $K(st)$ entwickelt

$$\psi(s) = \sum_{i=1}^{\infty} c_i \varphi_i(s),$$

was nach dem HILBERTschen Entwicklungssatz immer zulässig ist, wenn $\psi(s)$ eine mögliche Verschiebung des Systems darstellt, also in der Form

$$\psi(s) = \int K(st)\, g(t)\, dt$$

erhalten werden kann mit irgendeiner „Belastungsfunktion" $g(s)$. Der Ausdruck

$$\int\int \check{K}(st)\, \psi(s)\, \psi(t)\, ds\, dt - \lambda_1 \int \psi^2(s)\, ds$$

geht dann unter Berücksichtigung der eben abgeleiteten Beziehungen über in

$$\sum_{i=1}^{\infty} c_i^2 \lambda_i - \lambda_1 \sum_{i=1}^{\infty} c_i^2$$

und ist wegen

$$\lambda_i \geqq \lambda_1 \qquad\qquad i = 1, 2, \ldots$$

sicher größer als Null. Für den kleinsten Eigenwert gilt also die Ungleichung

$$\lambda_1 \leqq \frac{\int\int \breve{K}(s\,t)\,\psi(s)\,\psi(t)\,ds\,dt}{\int \psi^2(s)\,ds}\,.$$

Für

$$\psi(s) = \varphi_1(s)$$

gilt das Gleichheitszeichen entsprechend der Arbeitsgleichung. Genügt $\psi(s)$ der Bedingung

$$\int \psi(s)\,\varphi_1(s)\,ds = 0,$$

dann folgt daraus $c_1 = 0$, und man erhält wegen

$$\sum_{i=2}^{\infty} c_i^2 \lambda_i - \lambda_2 \sum_{i=2}^{\infty} c_i^2 \geqq 0$$

für den zweiten Eigenwert die Beziehung

$$\lambda_2 \leqq \frac{\int\int \breve{K}(s\,t)\,\psi(s)\,\psi(t)\,ds\,dt}{\int \psi^2(s)\,ds}\,,$$

wobei wieder entsprechend der Arbeitsgleichung für die zweite Eigenschwingung im Falle $\psi(s) = \varphi_2(s)$ das Gleichheitszeichen gilt. Wird für $\psi(s)$ eine andere Nebenbedingung

$$\int \psi(s)\,v_1(s)\,ds = 0$$

vorgeschrieben, dann gilt für

$$\psi(s) = c_1\varphi_1 + c_2\varphi_2\,,$$

wobei c_1/c_2 aus der Nebenbedingung folgt, die Ungleichung

$$\int\int \breve{K}(s\,t)\,\psi(s)\,\psi(t)\,ds\,dt - \lambda_2 \int \psi^2(s)\,ds = \lambda_1 c_1^2 + \lambda_2 c_2^2 - \lambda_2(c_1^2 + c_2^2) \leqq 0.$$

Das Gleichheitszeichen trifft nur für $c_1 = 0$ zu, also für die „richtige" Nebenbedingung

$$\int \psi(s)\,\varphi_1(s)\,ds = 0.$$

Für $\psi(s)$ war eine ganz bestimmte Funktion eingesetzt worden, nämlich eine lineare Kombination aus den ersten beiden Eigenfunktionen. Das *Minimum* ist dann erst recht kleiner als Null. Entsprechende Beziehungen gelten auch für die höheren Eigenwerte. Wenn wir die in **4** angegebenen Sätze hinzunehmen, können wir zusammenfassend sagen (mehrfache Eigenwerte seien wieder ausgeschlossen): Die Formen

$$(25) \qquad \frac{\int \psi^2(s)\,ds}{\int\int K(s\,t)\,\psi(s)\,\psi(t)\,ds\,dt}$$

und

$$(26) \qquad \frac{\int\int \breve{K}(s\,t)\,\psi(s)\,\psi(t)\,ds\,dt}{\int \psi^2(s)\,ds}$$

nehmen für $\psi = \varphi_1$ ein absolutes Minimum an, das den Wert λ_1 besitzt, die Formen (25) und (26) nehmen unter der Nebenbedingung

$$\int \psi(s)\,\varphi_1(s)\,ds = 0$$

ein absolutes Minimum an, das den Wert λ_2 besitzt, allgemein nehmen die Formen (25) und (26) unter den Nebenbedingungen

$$\int \psi(s)\,\varphi_i(s)\,ds = 0 \qquad i = 1, 2, \ldots, n - 1$$

für $\psi = \varphi_n$ ein absolutes Minimum an, welches den Wert λ_n besitzt. Treten an Stelle der obigen Nebenbedingungen andere von der Form

$$\int \psi(s)\,v_i(s)\,ds = 0, \qquad i = 1, 2, \ldots, n - 1$$

dann werden die Minima von (25) und (26) *kleiner* als λ_n. Es sei noch bemerkt, daß sich die Eigenschaften des Ausdrucks (25) auf einem dem obigen analogen Wege gewinnen lassen, wenn man von der Arbeitsgleichung in der Form

$$\int A^\sigma\,ds - \frac{1}{2\lambda_1} \int f_1^2\,ds = 0$$

ausgeht, worin A^σ die Formänderungsarbeit, ausgedrückt in den Spannungen σ bzw. in den äußeren Trägheitskräften $f_1 = \lambda_1\,\varphi_1$, bedeutet[1].

10. Anwendung der Extremalprinzipien.

Die Extremalprinzipien lassen sich in mannigfacher Weise zur angenäherten Bestimmung der Eigenwerte verwenden. Am einfachsten ist es, eine Näherungsfunktion für die zu dem gewünschten Eigenwert gehörende Eigenfunktion in (25) oder (26) einzusetzen. Man kommt dadurch oft schon zu einer recht brauchbaren Näherung, da der ungefähre Verlauf der Eigenfunktionen, wenigstens bei den eindimensionalen Problemen, wie es der schwingende Stab ist, meist angegeben werden kann. Für die Grundschwingung ist das völlig problemlos, für die Oberschwingungen ebenfalls, wenn die ungefähren Lagen der Knotenpunkte bekannt sind. Von großem Vorteil ist diese Methode, wenn es sich darum handelt, die Schwingungszahlen von Systemen zu berechnen, die gegenüber bekannten Systemen „benachbart" sind. Man setzt dann die Eigenfunktionen des bekannten Systems in (25) oder (26) ein und erhält damit sehr übersichtliche Formeln, die zeigen, wie die Schwingungszahlen von den Parametern des gegebenen Systems, wenigstens in der Nachbarschaft des bekannten, abhängen. Es zeigt sich, daß der Begriff der Nachbarschaft sehr weit gefaßt werden kann, d. h. daß die obige Methode selbst bei stark abweichenden Formen von Grundsystem und gegebenem System zu bemerkenswert guten Näherungen

---

[1] HOHENEMSER, K., u. W. PRAGER: Ing.-Arch. Bd. 3 (1932) S. 306. Die Eigenschaften der Form (26) wurden eingehend untersucht von G. TEMPLE: Proc. London Math. Soc. Bd. 29 (1929) S. 257.

für die Eigenwerte führt. Für den Grundton erhält man auf diese Weise immer eine obere Grenze. Für den $n$ten Oberton liefert (25) und (26) nur dann eine obere Grenze, wenn die Nebenbedingungen

$$(27) \qquad \int \varphi_i(s)\, \psi(s)\, ds = 0 \qquad\qquad i = 1, 2, \ldots, n$$

für die einzusetzende Funktion $\psi(s)$ erfüllt sind. Nun sind die $\varphi_1 \ldots \varphi_n$ im allgemeinen nicht genau bekannt, und nach dem oben angegebenen Satz erniedrigt sich das Minimum von (25) und (26), wenn andere als die Nebenbedingungen (27) verwendet werden, so daß die Ausdrücke (25) und (26) für Obertöne auch zu niedrige Werte ergeben können.

Die beiden Extremalprinzipien sind, was die Genauigkeit der mit ihrer Hilfe zu erzielenden Näherungen für die Eigenwerte betrifft, einander nicht gleichwertig, es läßt sich vielmehr allgemein voraussagen, wann das eine und wann das andere Prinzip die bessere Näherung liefert. Zunächst läßt sich zeigen, daß (25) einen kleineren — also für den Grundton besseren — Wert liefert als (26), wenn man eine bestimmte Näherungsfunktion $\psi(s)$ einsetzt. Mit den Bezeichnungen

$$\psi_{n+1}(s) = \int K(st)\, \psi_n(t)\, dt\,, \qquad \psi_{n-1}(s) = \int \breve{K}(st)\, \psi_n(t)\, dt\,,$$

die mit den früher verwendeten identisch sind, schreiben sich (25) und (26) in der Form

$$B_1 = \frac{\int \psi_n^2(s)\, ds}{\int \psi_n(s)\, \psi_{n+1}(s)\, ds}\,, \qquad B_2 = \frac{\int \psi_n(s)\, \psi_{n-1}(s)\, ds}{\int \psi_n^2(s)\, ds}\,,$$

und aus der Ungleichung (21) folgt $B_1 \le B_2$. Allerdings ist zu bemerken, daß bei der praktischen Anwendung auf Saiten, Stäbe, Platten usw. die Berechnung von A^ε aus der angenommenen Verschiebung $\psi(s)$ nur Differentiationen, dagegen die Berechnung von A^σ aus den angenommenen Trägheitskräften $\varphi(s)$ Integrationen erfordert, so daß die höhere Genauigkeit von (25) nur durch einen Mehraufwand an Rechenarbeit erkauft werden kann. Es soll das dadurch angedeutet werden, daß man schreibt

$$A^\varepsilon\!\left(\frac{d}{ds}\,\psi \ldots\right) \qquad \text{und} \qquad A^\sigma\!\left(\int \psi\, ds \ldots\right).$$

Man erhält also, wenn man von einer Näherungsfunktion $\psi_0(s)$ für die erste Eigenfunktion ausgeht, nacheinander die folgenden Näherungen für den ersten Eigenwert mit wachsender Genauigkeit[1]:

---

[1] In (28) kann man den Zähler als maximale potentielle Energie, den Nenner als durch λ dividierte maximale kinetische Energie der harmonischen Bewegung mit der maximalen Auslenkungsform ψ_0 auffassen. In dieser Bedeutung wurde der Ausdruck (28) auch von Lord RAYLEIGH (Theory of Sound, Kap. 4) aufgefaßt und abgeleitet, ebenso in allen Arbeiten, welche das RAYLEIGHsche Prinzip verwenden. — Vgl. besonders die Ableitung dieses Prinzips bei TH. PÖSCHL: Ing.-Arch. Bd. 1 (1930) S. 469. Da in (29) Zähler und Nenner *nicht* mehr die maximale kinetische und maximale potentielle Energie der Auslenkungsform bedeuten, haben wir vorgezogen, sowohl (28) wie (29) von der Arbeitsgleichung ausgehend abzuleiten.

$$(28) \qquad \lambda \approx \frac{\int A^{\varepsilon}\left(\dfrac{d}{ds}\,\psi_0 \ldots\right)ds}{\frac{1}{2}\int \psi_0^2(s)\,ds},$$

$$(29) \qquad \lambda \approx \frac{\frac{1}{2}\int \psi_0^2(s)\,ds}{\int A_\sigma\left(\int \psi_0\,ds \ldots\right)ds},$$

$$(30) \qquad \lambda \approx \frac{\int A^{\varepsilon}\left(\dfrac{d}{ds}\,\psi_1 \ldots\right)ds}{\frac{1}{2}\int \psi_1^2(s)\,ds} = \frac{\int \psi_0(s)\,\psi_1(s)\,ds}{\int \psi_1^2(s)}.$$

Hierin ist $\psi_1(s)$ die Verschiebung infolge der Kräfte $\psi_0(s)$. In $A^\sigma\left(\int \psi_0\,ds \ldots\right)$ sind *weniger* Integrationen auszuführen, als zur Berechnung der Verschiebungen $\psi_1(s)$ aus den Kräften $\psi_0(s)$ erforderlich sind (bei der Saite eine statt zwei, bei dem Biegestab zwei statt vier). (30) entspricht der Mittelwertbildung (19), (29) der Mittelwertbildung (20) für den ersten Iterationsschritt. (28) und (29) sind auch für Obertöne zu verwenden, wenn durch $\psi_0(s)$ die entsprechende Oberschwingungsform angenähert wird.

In manchen Fällen kann es lohnend sein, die Einflußfunktion zu berechnen[1], z. B. dann, wenn die Schwingungen eines und desselben elastischen Systems mit verschiedenen Massenbelegungen untersucht werden sollen. Da sowohl die Einflußfunktion wie auch die Integrale über die Einflußfunktion in den meisten Fällen nur eine recht umständliche oder gar keine analytische Darstellung zulassen, bestimmt man zweckmäßig die Funktionswerte des Kernes in einzelnen diskreten Punkten, die keinen zu großen Abstand voneinander haben, und wertet die vorkommenden Integrale mit Hilfe der Formeln zur numerischen Integration aus. Bei gegebener Einflußfunktion ist zur Berechnung der Eigenwerte aus der angenommenen Schwingungsform der günstigere Ausdruck (25) zu verwenden.

Anstatt eine feste Funktion $\psi(s)$ zu schätzen und in die Extremalformen einzusetzen, kann man nach einem Vorschlag von Lord RAYLEIGH[2] auch von einer Funktion $\psi(c_1, c_2, \ldots c_n, s)$ ausgehen, in der einige Parameter $c_1, c_2, \ldots c_n$ zunächst unbestimmt gelassen sind. Die Parameter $c_1, c_2, \ldots$ ermittelt man dann so, daß der kleinste Eigenwert zu einem Minimum wird, die $c_1, c_2, \ldots$ sind also aus den Gleichungen

$$(31) \qquad \frac{\partial}{\partial c_i}\left[\int A^{\varepsilon}\,ds - \frac{\lambda}{2}\int \psi^2\,ds\right] \qquad i = 1, 2, \ldots n$$

zu bestimmen. W. RITZ[3] behandelt einen Sonderfall dieser Methode, welche sich auch für allgemeinere Variationsprobleme durchführen läßt.

---

[1] Im allgemeinen empfiehlt sich die Verwendung der Einflußfunktion *nicht*, wie schon früher bemerkt wurde; für praktische Rechnungen wird zweckmäßig an Stelle von (25) die Form (29) benutzt.

[2] Lord RAYLEIGH: Theory of Sound, Kap. 4.

[3] RITZ, W.: J. reine angew. Math. Bd. 135 (1909) S. 1.

Benutzt man mit RITZ als Ausgangsfunktion eine lineare Kombination von Funktionen

$$\psi(s) = \sum_{i=1}^{n} c_i X_i(s),$$

dann erhält man nach (31) n lineare homogene Gleichungen für die c_i, es ergeben sich also n Lösungssysteme c_i und entsprechend n relative Minima von $\dfrac{2\int A^\varepsilon\, ds}{\int \psi^2\, ds}$. Das kleinste dieser Minima ist eine obere Grenze für den kleinsten Eigenwert, die übrigen sind mehr oder weniger gute Näherungen für die nächst höheren Eigenwerte. Im allgemeinen konvergieren die mit den n Lösungssystemen der c_i gebildeten Funktionen $\psi_k(s)$ mit wachsendem n nach den Eigenfunktionen $\varphi_k(s)$, wenn die Ansatzfunktionen $X_i(s)$ die Randbedingungen des Problems erfüllen und ein „vollständiges" Funktionensystem bilden[1]. Die Berücksichtigung sämtlicher Randbedingungen ist für die praktische Rechnung im übrigen durchaus nicht erforderlich, und es ergeben sich auch gute Näherungen, wenn nur ein Teil der Randbedingungen für die $X_i(s)$ erfüllt ist.

Eine für die praktische Rechnung etwas bequemere Formulierung des RITZschen Verfahrens wurde von GALERKIN[2] angegeben. Man geht hiernach aus von der Form

$$A = \int \left[A^\varepsilon\left(\frac{d\psi}{ds} \cdots\right) - \frac{\lambda}{2}\,\psi^2(s) \right] ds,$$

bildet die erste Variation

$$\delta A = \int \left[A^\varepsilon\left(\frac{d\psi}{ds} \cdots\right) - \frac{\lambda}{2}\,\psi^2(s) \right]_\psi \delta\psi\, ds$$

und führt hierin den Ansatz

$$\psi(s) = \sum_{i=1}^{n} c_i X_i(s)$$

ein. Der Ausdruck

$$\left[A^\varepsilon\left(\frac{d\psi}{ds} \cdots\right) - \frac{\lambda}{2}\,\psi^2(s) \right]_\psi$$

---

[1] Vgl. z. B. die Untersuchungen von M. N. KRILLOFF über die Konvergenz und Fehlerabschätzung bei dem RITZschen Verfahren [C. R. Acad. Sci., Paris Bd. 180 (1925) S. 1316; Bd. 181 (1925) S. 86; Bd. 183 (1926) S. 676]. Wenn die Form unter dem Integral nicht mehr positiv definit ist, versagen die Konvergenzbeweise, man verwendet dann zweckmäßig einen anderen Extremalausdruck, vgl. M. N. KRILOFF: C. R. Acad. Sci., Paris Bd. 186 (1928) S. 298. — Vgl. ebenfalls die zusammenfassende Arbeit von M. N. KRILOFF: Les méthodes de solution approchée des problèmes de la physique mathématique. Procédés de l'algorithme varitionnel (méthode de W. RITZ), des differences finies, etc., justifiés par l'appréciation de l'erreur commise à la m[ième] approximation (Problèmes à une dimension). Mém. Sci. math. Fasc. 49 (Paris 1931) und die Arbeit von M. KRAWTCHOUK: C. R. Acad. Sci., Paris Bd. 187 (1928) S. 411; Bd. 188 (1929) S. 978.

[2] Vgl. das Referat über die GALERKINsche in russischer Sprache erschienene Arbeit bei H. HENCKY: Z. angew. Math. Mech. Bd. 7 (1927) S. 80.

bedeutet die Variationsableitung des Integranden und ergibt gleich Null gesetzt die EULERsche Gleichung zu dem Variationsproblem. Für den speziellen RITZschen Ansatz ist

$$\delta\psi = \sum_{i=1}^{n} \delta c_i X_i(s),$$

also

$$\delta A = \int \left[A^{\varepsilon}\left(\frac{d\psi}{ds}\cdots\right) - \frac{\lambda}{2}\psi^2(s)\right]_{\psi} \left(\sum_{i=1}^{n} \delta c_i X_i(s)\right) ds,$$

und aus der Willkür der δc_i folgen die n Gleichungen

$$\int \left[A^{\varepsilon}\left(\frac{d\psi}{ds}\cdots\right) - \frac{\lambda}{2}\psi^2(s)\right]_{\psi} X_i(s)\, ds = 0. \quad i = 1, 2, \ldots n$$

Man hat hierin lediglich

$$\psi(s) = \sum_{i=1}^{n} c_i X_i(s)$$

einzusetzen und erhält sofort n lineare homogene Gleichungen für die c_i, ohne daß wie bei dem ursprünglichen RITZschen Verfahren die Differentiationen $\partial A/\partial c_i$ ausgeführt werden müssen. Es ist zu beachten, daß der *vollständige* Ausdruck für die erste Variation zu nehmen ist, im Fall von freien Rändern (natürliche Randbedingungen) enthält δA noch einen Randterm, welcher berücksichtigt werden muß.

Die Brauchbarkeit des RITZschen Verfahrens hängt ganz wesentlich von der geeigneten Wahl der Ansatzfunktionen ab, denn auch in den Fällen, bei denen die Konvergenz mit wachsender Gliederzahl des Ansatzes feststeht, ist das Verfahren praktisch unbrauchbar, wenn nicht schon ein Ansatz mit wenigen Gliedern, der zu einem System von wenigen linearen Gleichungen führt, genügend gute Näherungen liefert[1] Als geeignetes Funktionensystem für einen Ansatz nach RITZ wird man die Eigenfunktionen eines möglichst benachbarten elastischen Systems wählen.

Eine Kombination des RITZschen Verfahrens mit der Iterationsmethode ist von A. TRAENKLE behandelt worden[2]. Um z. B. die ersten beiden Eigenwerte zu erhalten, geht man aus von zwei Ansatzfunktionen

---

[1] Bei der Verwendung des RITZschen Verfahrens kann es erwünscht sein, eine Ableitung bestimmter Ordnung der Näherungsfunktion mit größerer Genauigkeit zu erhalten als andere Ableitungen oder als die Funktionswerte selbst. Man kann dann nach dem Vorgang von R. COURANT (Nachr. Ges. Wiss. Göttingen 1922 S. 144) dem Extremalausdruck Glieder hinzufügen, welche für die Extremallösung verschwinden, aber in den nach RITZ zu bestimmenden benachbarten Funktionen gerade die gewünschten Ableitungen besonders fehlerfrei werden lassen. Das Verfahren von RITZ ist nicht nur für Schwingungen, sondern auch für andere Probleme der Elastizitätstheorie viel und mit Erfolg angewendet worden. Es seien nur genannt die Arbeiten von B. BIEZENO: Verh. 1. intern. Kongreß techn. Mech., S. 3 Delft 1924. — KÀRMÀN, TH. V.: Z. Ver. Deutsch. Ing. Bd. 59 (1911) S. 173. — LORENZ, H.: Ebenda Bd. 57 (1913) S. 543. — NÁDAI, A.: Ebenda Bd. 59 (1915) S. 173. — PÖSCHL, TH.: Armierter Beton. 1912. — TIMOSHENKO, S.: Z. Math. Phys. Bd. 58 (1910) S. 337.

[2] TRAENKLE, A.: Ing.-Arch. Bd. 1 (1930) S. 499.

$\psi_1^{(0)}(s)$ und $\psi_2^{(0)}(s)$, bestimmt nach Ritz die günstigsten linearen Kombinationen

$$\overline{\psi}_1^{(0)} = c_{11}^{(0)} \psi_1^{(0)} + c_{12}^{(0)} \psi_2^{(0)},$$

$$\overline{\psi}_2^{(0)} = c_{21}^{(0)} \psi_1^{(0)} + c_{22}^{(0)} \psi_2^{(0)}$$

und stellt sich damit vermittels

$$\psi_1^{(1)}(s) = \int K(st)\, \overline{\psi}_1^{(0)}(t)\, dt,$$

$$\psi_2^{(1)}(s) = \int K(st)\, \overline{\psi}_2^{(0)}(t)\, dt$$

zwei weitere Ansatzfunktionen $\psi_1^{(1)}(s)$ und $\psi_2^{(1)}(s)$ her, die nach Ritz wieder die günstigste Kombination

$$\overline{\psi}_1^{(1)} = c_{11}^{(1)} \psi_1^{(1)} + c_{12}^{(1)} \psi_2^{(1)},$$

$$\overline{\psi}_2^{(1)} = c_{21}^{(1)} \psi_1^{(1)} + c_{22}^{(1)} \psi_2^{(1)}$$

ergeben usw. Die Anwendung des Ritzschen Verfahrens zwischen zwei Iterationsschritten entspricht der Befreiung der Funktion $\psi_2^{(n)}(s)$ von Bestandteilen der ersten Eigenfunktion, welche nach jedem Schritt vorgenommen werden muß, wenn das Iterationsverfahren nach der zweiten Eigenfunktion konvergieren soll, vgl. 8. Zugleich wird aber damit auch die Näherung für die erste Eigenfunktion verbessert und die Konvergenz des Iterationsverfahrens für die erste Eigenfunktion beschleunigt. Die ersten beiden Eigenwerte erhält man am besten durch Einsetzen von $\psi_1^{(n)}(s)$ und $\psi_2^{(n)}(s)$ in (28), für den ersten Eigenwert ergibt sich dann wieder eine obere Grenze, dagegen nicht mehr notwendig für die höheren Eigenwerte.

Es sei noch bemerkt, daß die von E. Trefftz[1] und von K. Friedrichs[2] angegebene Methode, ein Minimumproblem der Variationsrechnung in ein Maximumproblem zu transformieren, so daß man durch Einsetzen einer geschätzten Lösung eine obere und eine untere Grenze für den Extremalwert erhält, für die Variationsaufgaben, welche zu Eigenwertproblemen gehören, versagt[3].

---

[1] Trefftz, E.: Verh. 2. intern. Kongreß techn. Mech., S. 131. Zürich 1926.

[2] Friedrichs, K.: Nachr. Ges. Wiss. Göttingen 1929 S. 13.

[3] Während bei dem Ritzschen Verfahren Approximationsfunktionen verwendet werden, welche den Randbedingungen genügen, dagegen *nicht* die Differentialgleichungen des Problems erfüllen, geht man bei dem Verfahren von Trefftz von einem System von Partikularlösungen der Differentialgleichung aus, welche die *Randbedingungen* nicht erfüllen. Nach K. Friedrichs (siehe a. a. O.) entspricht das der Verwendung eines dem ursprünglichen Variationsprinzip durch eine Legendretransformation zugeordneten Variationsprinzips. Die Tatsache, daß dadurch an Stelle eines Minimums ein Maximum tritt, ist an das Bestehen von gewissen starken Definitheitsbedingungen geknüpft, welche für Eigenwertprobleme gerade nicht mehr zutreffen. Die Verwendung eines Systems von Partikularlösungen der Differentialgleichung an Stelle des nach Ritz zu bildenden Ansatzes und die möglichst gute Anpassung der aus einer Summe von Partikularlösungen gebildeten Näherungsfunktion an die Randbedingungen ist auch von S. Bergmann in verschiedenen Arbeiten durchgeführt worden; vgl. Math. Ann. Bd. 86 (1922) S. 237; Bd. 98 (1927) S. 248 — Z. angew. Math. Mech. Bd. 8 (1928) S. 402; Bd. 11 (1931) S. 323.

11. Differentialgleichungsmethoden.

Es soll zunächst ein zusammenfassender Überblick über die verschiedenen Verfahren gegeben werden, welche eine angenäherte Integration von Differentialgleichungen schwingender Elastika zum Ziel haben. Man betrachte, nur um die Vorstellungen zu fixieren, eine Differentialgleichung vom STURM-LIOUVILLEschen Typus

$$(32) \qquad (p(x)y')' + \lambda q(x) y = 0 . \qquad\qquad y' = \frac{d}{dx}y$$

Die Randbedingungen an den Rändern $x = 0$ und $x = 1$ seien homogen, d. h. von der Form

$$y(0) + ay'(0) = 0,$$
$$y(1) + by'(1) = 0,$$

so daß ein Eigenwertproblem vorliegt, $p(x)$ und $q(x)$ sind gegebene positive Funktionen von x; eine von identisch Null verschiedene Lösung existiert nur, wenn der Parameter λ gleich einem der Eigenwerte $\lambda_1 < \lambda_2 < \cdots$ ist. Die Verfahren zur angenäherten Lösung lassen sich in drei Gruppen einteilen, die man etwa folgendermaßen kennzeichnen kann:

1. Lösung der Randwertaufgabe mit Hilfe von probeweise angenommenen Eigenwerten und Anfangswerten und Anwendung numerischer oder graphischer Integrationsmethoden für das Anfangswertproblem.

2. Ersatz der Differentialgleichung durch ein System von Differenzengleichungen und strenge oder angenäherte Auflösung des linearen Gleichungssystems (Methode der unendlich vielen Variablen).

3. Methode der sukzessiven Approximation, ausgehend von der Lösung der verkürzten Differentialgleichung.

Bei dem ersten Verfahren, das auf eindimensionale Probleme beschränkt ist, macht man sich die Tatsache zu Nutzen, daß es bequeme Methoden der numerischen oder graphischen Integration von gewöhnlichen Differentialgleichungen gibt, wenn es sich um ein Anfangswertproblem handelt. Im Fall der Differentialgleichung (32) ist die Lösung bei gegebenem Parameter λ durch Vorgeben der Anfangswerte $y(0)$ und $y'(0)$ festgelegt und läßt sich etwa mit Hilfe der CAUCHYschen Differenzenmethode numerisch gewinnen. Sind nun z. B. die Randbedingungen $y(0) = 0$, $y(1) = 0$ vorgeschrieben, dann berechnet man für einen angenommenen λ-Wert und für ein angenommenes $y'(0)$ die Lösung, die im allgemeinen nicht die Bedingung $y(1) = 0$ erfüllen wird. Indem man die Berechnung für weitere angenommene λ-Werte wiederholt, erhält man Funktionswerte der Funktion $y(1) = f(\lambda)$, deren Nullstellen die Eigenwerte der Differentialgleichung sind. Eine Veränderung im angenommenen $y'(0)$ verändert in diesem Fall nicht den Charakter der Lösung, die dadurch lediglich mit einem konstanten Faktor multipliziert wird. Man bekommt auf diese Weise gleichzeitig Eigenwerte und die dazugehörigen Eigenfunktionen, allerdings außerdem noch eine Reihe von Lösungen, welche die rechte Randbedingung nicht erfüllen, und die sich als Schwingungsformen einer gewissen erzwungenen Schwingung deuten lassen. Ist die Differentialgleichung höheren Grades, dann müssen außer λ noch $y(0)$, $y'(0)$, $y''(0)$, ... bekannt sein, von denen ein Teil durch die Randbedingungen gegeben ist, ein anderer Teil angenommen werden muß. Man erhält dann am Rande $x=1$ die $y(1)$, $y'(1)$, $y''(1)$ ... als Funktionen von λ und von diesen angenommenen Größen und sucht sich diejenigen λ-Werte heraus, für welche alle gegebenen Randbedingungen erfüllt sind. Die Methode ist praktisch durchgeführt für die Transversal- und Drehschwingungen von Stäben von L. GÜMBEL[1] und später in fast der gleichen Weise von R. V. SOUTHWELL[2].

Bei der zweiten Methode wird das Intervall in n gleiche Teile geteilt, die Funktionswerte im $i$ten Teilpunkt seien y_i, p_i, q_i. Die Differentialquotienten werden ersetzt durch das Mittel aus dem vorderen und hinteren Differenzenquotienten. An Stelle der Differentialgleichung (32) steht dann das lineare homogene Gleichungssystem

$$y_{i+2}\,p_{i+1} - y_i(p_{i+1} + p_{i-1}) + y_{i-2}\,p_{i-1} + 4\lambda q_i y_i = 0 . \quad i = 0, 1, 2, \ldots n$$

Hierbei ist die Intervallänge gleich Eins gesetzt worden. Die Treppenfunktion y_i ist über die Ränder hinaus so fortzusetzen, daß die Randbedingungen, welche in analoger Weise in Differenzengleichungen zu verwandeln sind, nicht verletzt werden. Im Fall der Randbedingung $y(0) = 0$ ist die Funktion y einfach zu spiegeln, so daß $y_{-1} = -y_1$, $y_{-2} = -y_2$, ... gilt, in gleicher Weise ist p_i und q_i fortzusetzen[3]. Die Koeffizientendeterminante des Gleichungssystems liefert gleich Null gesetzt n Wurzeln λ_i, welche Näherungen für die ersten n Eigenwerte darstellen. Allerdings sind die Näherungen für die Eigenwerte nur dann brauchbar, wenn die dazugehörigen Eigenfunktionen mit einiger Annäherung durch einen Polygonzug durch die $n + 1$ Punkte 0 bis n ersetzt werden können. Man könnte daran denken, an Stelle des Mittels aus dem vorderen und hinteren Differenzenquotienten andere Formeln für numerische Differentiation zu verwenden, welche einer Annäherung der gesuchten Funktion durch Stücke von ganzen rationalen Funktionen

---

[1] GÜMBEL, L.: Jb. schiffbautechn. Ges. Bd. 2 (1901) S. 211 — Z. Ver. Deutsch. Ing. Bd. 63 (1919) S. 771, 802.

[2] SOUTHWELL, R. V.: Philos. Mag. (6) Bd. 41 (1921) S. 419.

[3] An Lehrbüchern über Differenzenrechnung seien genannt: BLEICH, F., u. E. MELAN: Die gewöhnlichen und partiellen Differenzengleichungen der Baustatik. Berlin 1927. — FUNK, P.: Die linearen Differenzengleichungen. Berlin 1920. — NÖRLUND, E.: Vorlesungen über Differenzenrechnung. Berlin 1924. — WALLENBERG, G., u. A. GULDBERG: Theorie der linearen Differenzengleichungen. Leipzig 1911. — WALTHER, A.: Differenzenrechnung, in E. PASCAL, Repertorium der höheren Mathematik I 3, Leipzig 1929.

höherer Ordnung entsprechen. Es gelten jedoch hier die gleichen Bemerkungen wie in 5. über den Ersatz der Integralgleichung durch ein lineares Gleichungssystem, der Grundton wird dadurch etwas verbessert, dagegen die Obertöne unter Umständen wesentlich verschlechtert. Wenn man für eine Reihe von Schwingungszahlen und nicht nur für die erste möglichst gute Näherungen zu erhalten wünscht, ist es zweckmäßiger, die Eigenfunktionen durch Polygonzüge zu ersetzen. Das lineare Gleichungssystem, welches man an Stelle der Differentialgleichung erhält, eignet sich vorzüglich zur Auflösung durch Iteration, da die Diagonalglieder der Koeffizientenmatrix überwiegen[1]. Man erhält damit zunächst den kleinsten Eigenwert. Wenn auch die höheren Eigenwerte interessieren, können die erweiterten Iterationsverfahren angewendet werden, doch ist dann wohl die Entwicklung der Koeffizientendeterminante nach steigenden Potenzen von λ und die Bestimmung der Wurzeln etwa mit Hilfe des GRAEFFEschen Verfahrens vorzuziehen. Die Methode der unendlich vielen Variablen ist auch auf mehrdimensionale Probleme, etwa Aufgaben über Plattenschwingungen, anwendbar[2].

Es sei noch bemerkt, daß das System von Differenzengleichungen, welches aus der Differentialgleichung

$$(p\,y')' + f(x) = 0$$

mit den entsprechenden Randbedingungen entsteht, wenn die Differentialquotienten durch den Mittelwert aus vorderem und hinterem Differenzenquotienten ersetzt werden, durch Auflösung nach den y_i in das lineare Gleichungssystem übergeht, welches aus der Gleichung

$$y(x) = \int K(x\,\xi)\,f(\xi)\,d\xi$$

folgt, wenn das Integral mit der Trapezregel ausgewertet wird. Die beiden Gleichungssysteme sind völlig gleichwertig, und die entsprechenden homogenen Gleichungssysteme haben dieselben Eigenwerte λ_i. Das System der Differenzengleichungen hat den Vorteil, daß in der Koeffizientenmatrix eine Anzahl Nullen stehen, wodurch die Auflösung wesentlich erleichtert wird[3].

Die dritte Methode, die der sukzessiven Approximation, ist in einigen Varianten benützt worden, und sie hat sich als recht geeignet für die angenäherte Bestimmung wenigstens des ersten Eigenwertes und der

---

[1] Vgl. über die Auflösung von Systemen linearer Gleichungen durch Iteration z. B. R. v. MISES u. H. POLLACZEK-GEIRINGER: Z. angew. Math. Mech. Bd. 9 (1929) S. 58.

[2] Auf die praktische Verwendbarkeit von partiellen Differenzengleichungen in der Technik wies hin H. HENCKY: Z. angew. Math. Mech. Bd. 2 (1922) S. 58.

[3] Fehlerabschätzungen für die Methode der Differenzengleichungen gibt N. KRILOFF: Acta math. Bd. 52 (1928) S. 134.

ersten Eigenfunktion erwiesen[1]. In der ursprünglichen Form bildet man eine Folge von Funktionen $y_0, y_1, y_2, \ldots$, welche den Differentialgleichungen

$$(p(x) y_n')' + \lambda q(x) y_{n-1} = 0$$

genügen. Die Funktion y_{-1} sei identisch Null. Man erhält dann

$$y_0 = A \int_0^x \frac{dx}{p(x)} + B,$$

$$y_1 = -\lambda \int_0^x \frac{dx}{p(x)} \int_0^x y_0 q(x)\, dx + A'x + B',$$

$$\vdots \qquad \vdots \qquad\qquad \vdots \qquad \vdots$$

Die Integrationskonstanten ergeben sich zu

$$A = y_0'(0)\, p(0), \qquad B = y_0(0),$$
$$A' = y_1'(0), \qquad\qquad B' = y_1(0),$$
$$\vdots \quad \vdots \qquad\qquad \vdots \quad \vdots$$

Die Funktionen $y_0, y_1, \ldots$ sind also festgelegt durch Annahme der Anfangswerte $y(0)$ und $y'(0)$. Die Funktion y_i wird erhalten in der Form

$$(33) \qquad y_i(x) = y(0)\, f_i^{(1)}(x, \lambda) + y'(0)\, f_i^{(2)}(x, \lambda).$$

Die $f_i^{(1)}(x, \lambda)$ und $f_i^{(2)}(x, \lambda)$ sind in λ ganze rationale Funktionen vom $i$ten Grade, die Koeffizienten der Potenzen von λ sind Funktionen von x, welche durch einfache Quadraturen gefunden werden, die für beliebige $p(x)$ und $q(x)$ immer durchgeführt werden können, meist durch numerische oder graphische Methoden. Bricht man mit $y_i(x)$ ab und setzt diese Funktion in die homogenen Randbedingungen ein, dann erhält man für $y(0)$ und $y'(0)$ zwei lineare homogene Gleichungen, deren Koeffizientendeterminante gleich Null gesetzt eine Anzahl von Wurzeln $\lambda_1, \lambda_2, \ldots$ liefert, welche Näherungen für die ersten Eigenwerte darstellen. Führt man die $\lambda_1, \lambda_2, \ldots$ in $y_i(x)$ ein, dann ergeben sich Näherungen für die entsprechenden Eigenfunktionen.

In einer für die Rechnung übersichtlicheren Form ist die gleiche Methode — allerdings ohne einen Hinweis auf die klassische Methode der sukzessiven Approximation — von W. L. Cowley und H. Levy[2] gegeben worden. Man geht danach aus von einem Ansatz

$$y(x) = y_0(x) + \lambda y_1(x) + \lambda^2 y_2(x) + \cdots$$

und führt y in die Differentialgleichung ein. Durch Vergleich der Koeffizienten der Potenzen von λ erhält man die Differentialgleichungen

$$(p(x) y_0')' = 0, \qquad (p(x) y_n')' + q(x) y_{n-1} = 0.$$

[1] Vgl. außer den in **6** zitierten Arbeiten auch E. Cotton: Approximations successives et équations differentielles. Mém. Sci. math. Fasc. 28 (Paris 1928).

[2] Cowley, W. L., u. H. Levy: Philos. Mag. (6) Bd. 41 (1921) S. 584.

Die Lösung der ersten Gleichung heißt

$$y_0 = p(0)\, y'(0) \int\limits_0^x \frac{dx}{p(x)} + y(0)\,.$$

In den Lösungen für die weiteren Gleichungen wird $y_i(0) = y_i'(0) = 0$ gesetzt, da bereits das erste Glied in der angesetzten Reihe für y die zwei willkürlichen Konstanten $y(0)$ und $y'(0)$ enthält und somit die Lösung beliebigen Randbedingungen angepaßt werden kann. Die weiteren Funktionen $y_1, y_2, \ldots$ ergeben sich daher zu

$$y_1 = -\int\limits_0^x \frac{dx}{p(x)} \int\limits_0^x y_0\, q(x)\, dx\,,$$

$$y_2 = -\int\limits_0^x \frac{dx}{p(x)} \int\limits_0^x y_1\, q(x)\, dx\,,$$

$$\vdots \qquad \vdots$$

Bricht man mit $y_i(x)$ ab und setzt die Funktionen in die Reihe für $y(x)$ ein, dann ergibt sich für $y(x)$ der Ausdruck (33). Die Methode ist ganz analog auch für Differentialgleichungen höherer Ordnung durchzuführen. Die Näherung für den ersten Eigenwert ist bereits mit zwei bis drei Gliedern außerordentlich gut, dagegen eignet sich die Methode nicht für die Berechnung der höheren Eigenwerte, da die Reihe für $y(x)$ für größere λ-Werte nur sehr langsam konvergiert, so daß eine große Zahl von Gliedern erforderlich wird.

Eine Modifikation der klassischen Methode der sukzessiven Approximation entspricht dem in 6. für die Schwingungsintegralgleichung behandelten Iterationsverfahren und ist für technische Probleme vielfach angewendet worden. Man geht dabei aus von der geschätzten Funktion $y_0(x)$ und berechnet aus

$$(p(x)\, y_n')' + q(x)\, y_{n-1} = 0$$

die Folge $y_1, y_2, \ldots$ Die Ausgangsfunktion y_0 wird zweckmäßig so gewählt, daß die Randbedingungen erfüllt sind (doch ist dies nicht unbedingt notwendig), ebenso werden die $y_1, y_2, \ldots$ den Randbedingungen angepaßt. Die y_i konvergieren dann sehr rasch nach der ersten Eigenfunktion, und der erste Eigenwert ergibt sich, wie in 6. gezeigt war, zu

$$\lambda_1 \approx \frac{y_{i-1}(x)}{y_i(x)}\,,$$

wobei für x meist die Stelle größten Ausschlags genommen wird. Eine obere und untere Schranke erhält man durch $\left|\dfrac{y_{i-1}(x)}{y_i(x)}\right|_{\max} \geqq \lambda_1 \geqq \left|\dfrac{y_{i-1}(x)}{y_i(x)}\right|_{\min}$

J. Morrow[1] rechnet zahlreiche Beispiele hierzu, die alle die sehr rasche Konvergenz der Methode beweisen. Für die Berechnung der höheren Eigenwerte lassen sich alle in 8. angegebenen Formeln verwenden.

In neuerer Zeit ist die von Lord Rayleigh[2] angegebene „Störungsrechnung" verschiedentlich angewendet und in einer Weise ausgebaut worden[3], die den oben besprochenen Verfahren ähnlich ist. Es handelt sich dabei um eine Entwicklung der Eigenlösungen und der Eigenwerte nach einem „Störungsparameter", wobei die Entwicklungsfunktionen und Koeffizienten sich durch Rekursion aus den Lösungen des Grundproblems berechnen lassen. Die Methode soll wieder für die STURM-LIOUVILLEsche Differentialgleichung, die jetzt in der Form

$$(34) \qquad \frac{d}{dx}\,(p(x)\,y') + \lambda y + q(x)\,y = 0$$

gegeben sei, im Anschluß an die Arbeit von W. MEYER ZUR CAPELLEN[4] kurz dargestellt werden, $p(x)$ und $q(x)$ seien wieder positive gegebene Funktionen, die Randbedingungen seien wieder homogen, so daß ein Eigenwertproblem vorliegt. Die $p(x)$ und $q(x)$ sollen dargestellt werden in der Form

$$p = p_0 + \alpha\,p_1 + \cdots + \alpha^k\,p_k\,,$$
$$q = q_0 + \alpha\,q_1 + \cdots + \alpha^k\,q_k\,,$$

wobei die p_0 und q_0 so gewählt werden, daß die Lösung des Grundproblems

$$\frac{d}{dx}\,(p_0(x)\,y') + \lambda y + q_0(x)\,y = 0$$

mit den gleichen Randbedingungen bekannt ist, also etwa $p_0 = $ konst., $q_0 = $ konst. Für die $n$te Eigenfunktion von (34) wird angesetzt

$$u_n = v_{n0} + \alpha\,v_{n1} + \alpha^2\,v_{n2} + \cdots,$$

für den $n$ten Eigenwert von (34) wird entsprechend angesetzt

$$\lambda_n = \lambda_{n0} + \alpha\,\varepsilon_{n1} + \alpha^2\,\varepsilon_{n2} + \cdots.$$

Die Funktionen v_{ni} und die Koeffizienten ε_{ni} lassen sich durch Einsetzen der Reihen in (34) ermitteln. Man löst die Aufgabe zunächst für ein beliebiges α, dann müssen die Koeffizienten der 0ten, 1ten, ... Potenzen von α einzeln verschwinden, und man erhält unter Weglassen des Index n:

---

[1] Morrow, J.: Philos. Mag. (6) Bd. 10 (1905) S. 113; Bd. 11 (1906) S. 354; Bd. 12 (1906) S. 233.

[2] Lord Rayleigh: Theory of Sound, Kap. 4.

[3] Courant, R., u. D. Hilbert: Mathematische Methoden der Physik Bd. 1 S. 296. — Funk, P.: Mitt. Hauptver. deutsch. Ing. Tschechoslowak. Rep. 1931 H. 21 u. 22. — Meyer zur Capellen, W.: Ann. Physik (5) Bd. 8 (1931) S. 297. — Schrödinger, E.: Ebenda (4) Bd. 80 (1926) S. 440. — Schunck, T. E.: Ing.-Arch. Bd. 2 (1931) S. 591.

[4] Siehe a. a. O.

$$\frac{d}{dx}\left(p_0 v_0'\right) + \lambda_0 v_0 + q_0 v_0 = 0\,,$$

$$\frac{d}{dx}\left(p_0 v_1'\right) + \lambda_0 v_1 + q_0 v_1 = -\frac{d}{dx}\left(p_1 v_0'\right) - q_1 v_0 - \varepsilon_1 v_0\,,$$

$$\vdots \qquad\qquad \vdots \qquad\qquad \vdots$$

$$\frac{d}{dx}\left(p_0 v_i'\right) + \lambda_0 v_i + q_0 v_i = -\sum_{k=1}^{i}\left[\frac{d}{dx}\left(p_k v_{i-k}'\right) + q_k v_{i-k} + \varepsilon_k v_{i-k}\right].$$

Aus der ersten Gleichung ergeben sich die bekannten Eigenwerte λ_0 und Eigenfunktionen v_0. Die zweite Gleichung hat, da λ_0 ein Eigenwert der homogenen Gleichung ist, nur dann eine Lösung, wenn die rechte Seite orthogonal ist zu der Lösung der homogenen Gleichung, also muß sein

$$\int \frac{d}{dx}\left(p_1 v_0'\right) v_0\, dx + \int q_1 v_0^2\, dx + \varepsilon_1 \int v_0^2\, dx = 0\,,$$

woraus sich ε_1 berechnen läßt, da sonst auf der rechten Seite nur bekannte Größen vorkommen. Es läßt sich jetzt v_1 berechnen. Die allgemeine Rekursionsformel für die $i$te Eigenwertänderung heißt

$$\varepsilon_i = -\int \frac{d}{dx}\left(\sum_{k=1}^{i} p_k v_{i-k}'\right) v_0\, dx - \int\left(\sum_{k=1}^{i} q_k v_{i-k}\right) v_0\, dx\,.$$

Die rechte Seite der Differentialgleichung für v_i ist damit bekannt, und v_i kann berechnet werden, etwa mit der Methode der Variation der Konstanten. Bei der obigen Formel war vorausgesetzt worden, daß man die Gleichungen

$$\int v_0^2\, dx = 1\,, \qquad \int v_i v_0\, dx = 0 \qquad\qquad i \neq 0$$

erfüllt hat. Die Methode ist auch für Differentialgleichungen höherer Ordnung verwendbar. Für die praktische Anwendung kommt es darauf an, daß die Grundlösung mit p_0 und q_0 sich auf ein dem wirklichen System genügend benachbartes System bezieht. Als besonderer Vorzug der Methode wäre vielleicht anzusehen, daß jede Eigenschwingung gesondert und unabhängig von denen niedrigerer Ordnung gefunden werden kann.

12. Ersatz eines elastischen Systems durch angenähert äquivalente Systeme.

Anstatt die genaue Differential- oder Integralgleichung für die Schwingungen eines elastischen Systems angenähert zu lösen, ist es oft angebracht, das vorliegende System so zu verändern, daß zwar dadurch die gewünschten Schwingungszahlen nicht wesentlich anders werden, aber das veränderte System einer bequemeren Berechnung zugänglich ist. In welcher Weise eine solche Veränderung zweckmäßig vorgenommen wird, ist natürlich nur für den Einzelfall zu entscheiden, es sollen jedoch zunächst allgemein die verschiedenen Möglichkeiten zusammengestellt werden, die sich folgendermaßen kennzeichnen lassen:

1. Ersatz eines Systems durch ein benachbartes mit endlich vielen Freiheitsgraden.

2. Ersatz eines Systems durch ein benachbartes mit gleichfalls unendlich vielen Freiheitsgraden, das jedoch einer analytischen Behandlung zugänglich ist.

3. Ersatz eines Systems durch ein anderes, dessen Grundton angenähert mit einem gewünschten Oberton des ursprünglichen Systems zusammenfällt.

Das erste Verfahren besteht in einer Konzentration der verteilten Massen zu einer Anzahl von Einzelmassen. Das System ist dann aufgeteilt in masselose Elastizitäten und unelastische Massen. Inhaltlich ist diese Methode vollkommen identisch mit dem Ersatz der Integralgleichung durch ein lineares Gleichungssystem oder der Differentialgleichung durch ein System von Differenzengleichungen. Bei verhältnismäßig einfachen Systemen, bei denen man die Schwingungsformen einigermaßen übersehen kann, ist die Methode der Systemveränderung wohl dem schematischen Ersetzen der Differential- oder Integralgleichung durch ein lineares Gleichungssystem vorzuziehen, da durch eine geschickte Massenkonzentration sich die Näherung bei gleicher Zahl der Einzelmassen erheblich verbessern kann[1].

Die Anwendung der zweiten Methode hängt davon ab, ob sich ein genügend benachbartes, der analytischen Behandlung zugängliches System angeben läßt. Da die Lösungen der Differentialgleichungen mit konstanten Koeffizienten leicht zu finden sind, ersetzt man das gegebene System mit veränderlicher Steifigkeit und veränderlicher Massenbelegung durch ein anderes von stückweise konstanter Steifigkeit und Massenverteilung. Es sind dann die Lösungen der Differentialgleichungen, die abschnittweise konstante Koeffizienten haben, unter Einhaltung gewisser Übergangsbedingungen aneinanderzuflicken. Man verbessert die gewonnenen Näherungen noch ganz wesentlich, wenn man die Formeln für die Eigenwerte benachbarter Systeme benutzt, z. B. die Eigenfunktionen des Systems mit stückweise konstanter Elastizität und Masse in (28) oder (29) einsetzt. Sehr wertvoll für die geeignete Auswahl eines benachbarten Systems sind die Formeln für die asymptotischen Größen der Eigenwerte, die später für die einzelnen Elastika angegeben werden. Die asymptotischen Größen der Eigenwerte lassen

---

[1] In den meisten Fällen, in denen eine Trennung in reine Elastizitäten und in reine Massen vorgenommen worden ist, entsprach es allerdings mehr dem Bedürfnis des Ingenieurs nach Anschaulichkeit der Berechnungsmethode; vgl. z. B. H. HENCKY: Der Eisenbau Bd. 11 (1920) S. 437, wo Stabilitätsprobleme von Stabwerken unter Zugrundelegung einer ,,elastischen Gelenkkette" behandelt werden, oder J. J. KOCH: Eenige Toepassingen van de Leer der Eigenfuncties op vragstukken uit de toegepasste Mechanica. Proefschrift. Delft 1929.

sich für jedes System mühelos berechnen, da die entsprechenden Formeln nur Integrale über die Massen und Steifigkeiten enthalten, und in den meisten Fällen konvergieren die Eigenwerte rasch nach ihren asymptotischen Beträgen. Wählt man nun das benachbarte System so, daß die asymptotische Eigenwertverteilung mit derjenigen des wirklichen Systems zusammenfällt, dann weichen praktisch nur wenige der untersten Eigenwerte der beiden Systeme voneinander ab, und nur für diese Eigenwerte sind Verbesserungen mit Hilfe der Formeln (28) oder (29) notwendig.

Die dritte Methode bezieht sich auf die Berechnung von Obertönen. Sämtliche bisher besprochenen Näherungsverfahren gestalten sich sehr einfach, wenn nur der Grundton gesucht wird. Das in (6) behandelte Iterationsverfahren liefert ihn unmittelbar, die übrigen Verfahren, welche auf ein lineares Gleichungssystem führen, erfordern eine geringe Zahl von Gleichungen, wenn es nur auf den Grundton ankommt. Dagegen werden die Iterationsverfahren schon für den ersten Oberton wesentlich unbequemer, und die übrigen Methoden erfordern die Auflösung einer sehr viel größeren Zahl von Gleichungen, wenn auch die Obertöne einigermaßen genau berechnet werden sollen. Dieser Nachteil ist zu einem Teil behoben, wenn es gelingt, das System so zu verändern, daß sein Grundton mit dem gewünschten Oberton des ursprünglichen Systems zusammenfällt[1]. Es möge sich um ein eindimensionales Problem handeln. Die Veränderung möge so vorgenommen werden, daß an $n - 1$ Punkten s_i der Schwingungsform Nullstellen vorgeschrieben werden. Man kann nun aus den Differentialgleichungen der eindimensionalen Elastika zeigen, daß die $n$te Eigenschwingungsform gerade $n - 1$ Nullstellen besitzt. Fallen die $n - 1$ Punkte s_i, an denen das System festgehalten wird, für die also gilt

$$(35) \qquad\qquad \psi(s_i) = 0, \qquad\qquad i = 1, 2, \ldots n - 1$$

mit den Knotenpunkten der $n$ten Schwingungsform zusammen, dann ist der $n$te Eigenton gekennzeichnet durch das Minimum von (25) oder (26) unter den Nebenbedingungen (35), denn dieses Minimum liefert den Grundton des in den Punkten s_i gebundenen Systems, und der Grundton des in den Knotenpunkten einer Oberschwingung gehaltenen Systems ist, wie die Betrachtung der Differentialgleichungen für die Schwingungen eindimensionaler Elastika lehrt, identisch mit der betreffenden Oberschwingung. Werden andere als die richtigen Nullstellen vorgeschrieben, dann erniedrigt sich das Minimum von (25)

---

[1] Die Methode wurde für Saitenschwingungen vorgeschlagen von O. Föppl: Z. angew. Math. Mech. Bd. 7 (1927) S. 437, die Verallgemeinerung auf Transversalschwingungen von Stäben und den Zusammenhang mit der Maximum-Minimum-Eigenschaft der Obertöne gab K. Hohenemser: Ing.-Arch. Bd. 1 (1930) S. 271.

oder (26). Das sei kurz angedeutet: Man wählt für $\psi(s)$ eine lineare Kombination aus den ersten n Eigenfunktionen

$$\psi(s) = \sum_{i=1}^{n} c_i \, \varphi_i(s)$$

und ermittelt $n - 1$ Konstanten aus den $n - 1$ Gleichungen (35). Unter Berücksichtigung von

$$\int \varphi_i(s)\, \varphi_k(s) = \begin{matrix} 1 & \text{für} & i = k \\ 0 & \text{für} & i \neq k \end{matrix}$$

und

$$\int K(st)\, \varphi_i(t)\, dt = \frac{\varphi_i(s)}{\lambda_i}$$

erhält man für (25) den Wert

$$\frac{\sum\limits_{i=1}^{n} c_i^2}{\sum\limits_{i=1}^{n} \dfrac{c_i^2}{\lambda_i}},$$

der wegen

$$\sum_{i=1}^{n} \frac{c_i^2}{\lambda_i} \geqq \frac{1}{\lambda_n} \sum_{i=1}^{n} c_i^2$$

kleiner oder gleich λ_n sein muß. Das Minimum von (25) unter denselben Nebenbedingungen ist also erst recht kleiner oder gleich λ_n. Das bedeutet folgendes: Die Lösung der Aufgabe, unter allen Systemen, welche aus dem ursprünglichen durch Auferlegung von n Bindungen

$$\psi(s_i) = 0, \qquad\qquad i = 1, 2, \ldots n$$

hervorgehen, dasjenige zu suchen, welches den höchsten Grundton hat, liefert zugleich den $n$ten Oberton. Man muß bei dieser Methode die Knoten der gewünschten Schwingung schätzen, das System in den geschätzten Knoten festhalten und die Grundschwingung dieses gebundenen Systems berechnen. Die so gewonnene Eigenfrequenz ist eine untere Grenze für den betreffenden Oberton. Das Verfahren hat mit den Methoden zur Berechnung benachbarter Systeme den Vorteil gemein, daß jeder Oberton für sich und unabhängig von den anderen Frequenzen bestimmt werden kann.

13. Angenäherte Berechnung der Schwingungszahlen zusammengesetzter Systeme.

Vielfach kann es von Nutzen sein, ein System als Übereinanderlagerung von verschiedenen Einzelsystemen aufzufassen, deren Schwingungszahlen der Berechnung leichter zugänglich sind. Die Art der Übereinanderlagerung erfolgt entweder so, daß die elastischen Eigenschaften, also die Einflußfunktion der Teilsysteme, die gleichen sind wie bei dem zusammengesetzten System, und daß nur die Massenbelegung aufgefaßt wird als Summe von Teilbelegungen[1]. Oder aber die Massenbelegungen der Teilsysteme sind die gleichen wie diejenigen des ursprünglichen Systems, und die elastischen Rückstellkräfte werden aufgefaßt als Summe von Teilkräften[2]. Zunächst folgen aus den Extremaleigenschaften der Eigenwerte folgende Sätze:

1. Wird die Massenbelegung des Systems an manchen Stellen *erhöht* und nirgends erniedrigt, dann *fallen* alle Eigentöne des Systems oder nehmen wenigstens nicht zu, entsprechend *steigen* alle Eigentöne des Systems bei Verminderung der Massenbelegung.

2. Werden die elastischen Rückstellkräfte des Systems an manchen Stellen *erhöht* und nirgends erniedrigt, dann *steigen* alle Eigentöne oder nehmen wenigstens nicht ab, entsprechend *fallen* alle Eigentöne bei Verminderung der elastischen Rückstellkräfte.

Zum Beweis[3] beachte man nur, daß die Form (28) für alle beliebigen Funktionen $\psi(s)$, die beliebigen Randbedingungen

$$\int v_i(s)\, \psi(s)\, ds = 0 \qquad\qquad i = 1, 2, \ldots n - 1$$

genügen, kleiner wird, wenn man die Massenbelegung erhöht, da dann der Nenner wächst und der Zähler konstant bleibt, ebenso wird (28) für alle beliebigen Funktionen $\psi(s)$, die $n - 1$ beliebigen Bedingungen genügen, größer, wenn man die Steifigkeit des Systems erhöht, da dann der Zähler wächst und der Nenner konstant bleibt. Da das für alle in Frage kommenden Funktionen gilt, kann das größte Minimum im ersten Fall nicht größer, im zweiten Fall nicht kleiner werden.

Die Massenbelegung dt möge sich jetzt aus n Teilbelegungen

$$u_1(t)\, dt, \quad \ldots u_n(t)\, dt$$

zusammensetzen, wobei die u_k nur positive Werte kleiner als Eins annehmen können und wobei die Gleichung

$$(36) \qquad\qquad \sum_{k=1}^{n} u_k(t) = 1$$

---

[1] Zusammensetzungen dieser Art wurden betrachtet von G. TEMPLE: Proc. London Math. Soc. Bd. 29 (1929) S. 257. Die analoge Methode bei Stabilitätsproblemen besteht in der Zusammensetzung der kritischen Lasten von verschiedenen Lastgruppen, wie sie etwa bei der Berechnung der Knicksicherheit eines Stabes zweckmäßig sein kann, der durch axiale Endkräfte und durch eine gleichmäßig über die Länge verteilte axiale Last beansprucht wird. Die Zusammensetzung von schwingenden Systemen mit gleicher Steifigkeit und verschiedener Massenbelegung wurde weiter untersucht von K. KLOTTER: Ing.-Arch. Bd. 1 (1930) S. 132, 491 — Verh. 3. intern. Kongreß techn. Mech. Bd. 3 (Stockholm 1931) S. 154. — HOHENEMSER, K.: Ing.-Arch. Bd. 3 (1932) S. 89.

[2] Zusammensetzungen dieser Art betrachtet H. LAMB u. R. V. SOUTHWELL: Proc. Roy. Soc. London A Bd. 99 (1921) S. 272.

[3] COURANT, R.: Z. angew. Math. Mech. Bd. 2 (1922) S. 281.

gilt. Die elastischen Eigenschaften der Teilsysteme sollen die gleichen sein wie die des zusammengesetzten Systems. Die Eigenwerte der Teilsysteme folgen dann aus den Gleichungen

$$\varphi^{(k)}(s) = \lambda^{(k)} \int K(st)\, \varphi^{(k)}(t)\, u_k(t)\, dt \qquad k = 1, 2, \ldots n$$

oder symmetrisiert

$$\sqrt{u_k(s)}\, \varphi^{(k)}(s) = \lambda^{(k)} \int K(st)\, \sqrt{u_k(s)\, u_k(t)}\, \varphi^{(k)}(t)\, \sqrt{u_k(t)}\, dt\,. \qquad k = 1, 2, \ldots n$$

Man vergleicht die Eigenwerte $\lambda_i^{(k)}$ der positiv definiten Kerne

$$K(st)\, \sqrt{u_k(s)\, u_k(t)}\,, \qquad\qquad k = 1, 2, \ldots n$$

mit den Eigenwerten λ_i des Kernes $K(st)$. Nach (9) erhält man durch Integration

$$\int K(ss)\, u_k(s)\, ds = \sum_i \frac{1}{\lambda_i^{(k)}}$$

und

$$\int K(ss)\, ds = \sum_i \frac{1}{\lambda_i}\,,$$

woraus unter Berücksichtigung von (36) folgt

$$(37) \qquad \sum_i \frac{1}{\lambda_i} = \sum_{k=1}^{n} \sum_i \frac{1}{\lambda_i^{(k)}}\,.$$

Haben die Teilsysteme nur einen einzigen Freiheitsgrad, d. h. bestehen die Teilbelegungen aus je einer Einzelmasse, dann reduziert sich die Doppelsumme auf eine einzige Summe, und die Zahl der Eigenwerte des zusammengesetzten Systems wird gerade gleich n. Es gilt dann

$$(38) \qquad \sum_{i=1}^{n} \frac{1}{\lambda_i} = \sum_{k=1}^{n} \frac{1}{\lambda^{(k)}}\,,$$

und hieraus folgt

$$\frac{1}{\lambda_1} \leqq \sum_{k=1}^{n} \frac{1}{\lambda^{(k)}}\,,$$

dies wird eine um so bessere Näherung für λ_1 sein, je größer der Abstand der höheren Eigenwerte von dem kleinsten ist. Denkt man sich die Massenbelegung zusammengesetzt aus sehr vielen kleinen Einzelmassen, dann geht im Grenzfall diese Ungleichung über in die erste der Ungleichungen (12). Im allgemeinen Fall, wenn die Teilsysteme nicht nur einen einzigen Freiheitsgrad haben, folgt aus (37) die Näherung

$$(39) \qquad \frac{1}{\lambda_1} \approx \sum_{k=1}^{n} \frac{1}{\lambda_1^{(k)}}\,.$$

Die Güte dieser Näherung wird um so besser, je mehr sich die Zusammensetzung dem Fall

$$u_k(t) = \text{konst.} \qquad\qquad k = 1, 2, \ldots n$$

nähert. Die Eigenwerte der Teilsysteme ergeben sich nämlich in diesem Fall aus

$$\varphi^{(k)}(s) = \lambda^{(k)} u_k \int K(st)\, \varphi^{(k)}(t)\, dt.$$

Die Eigenfunktionen der Teilsysteme sind identisch mit denen des zusammengesetzten Systems, während für die Eigenwerte gilt

$$\lambda_i = \lambda_i^{(k)} u_k. \qquad \begin{aligned} i &= 1, 2, \ldots \\ k &= 1, 2, \ldots n \end{aligned}$$

(36) liefert

$$(40) \qquad \frac{1}{\lambda_i} = \sum_{k=1}^{n} \frac{1}{\lambda_i^{(k)}}, \qquad i = 1, 2, \ldots$$

so daß in diesem Fall die Näherung (39) exakt gilt. Weichen die $u_k(s)$ nur wenig von $u_k = \text{konst.}$ ab, dann wird man diese Gleichung für alle λ_i als gute Näherung benützen dürfen. Man hat also wieder eine Methode für die Behandlung benachbarter Systeme, soweit sie wenigstens die gleichen elastischen Eigenschaften und nur verschiedene Massenbelegungen haben. Man kann leicht zeigen, daß die Näherung (39) eine untere Grenze für λ_1 liefert. Bezeichnen $\lambda T^{(k)}$ die kinetischen Energien der Teilsysteme, dann ist nach (28), wenn man für die potentielle Energie U setzt,

$$\frac{1}{\lambda_1} = \left| \sum_{k=1}^{n} \frac{T^{(k)}}{U} \right|_{\max}$$

und

$$\frac{1}{\lambda_1^{(k)}} = \left| \frac{T^{(k)}}{U} \right|_{\max}$$

Nun kann das Maximum der Form $\displaystyle\sum_{k=1}^{n} \frac{T^{(k)}}{U}$ unmöglich größer sein als die Summe der Maxima der Formen $T^{(k)}/U$, also gilt

$$\frac{1}{\lambda_1} \leqq \sum_{k=1}^{n} \frac{1}{\lambda_1^{(k)}}.$$

Die entsprechende Ungleichung für die andere Art der Zusammensetzung von elastischen Systemen, bei welcher die Teilsysteme die gleiche Massenbelegung wie das zusammengesetzte System, aber verschiedene Steifigkeiten haben, erhält man auf die gleiche Weise. Es ist jetzt die kinetische Energie λT für alle Teilsysteme die gleiche, während sich die potentielle Energie U aus den Teilbeträgen $U^{(k)}$ für die einzelnen Systeme zusammensetzt. Es gilt dann

$$\lambda_1 = \left| \sum_{k=1}^{n} \frac{U^{(k)}}{T} \right|_{\min}$$

und

$$\lambda_1^{(k)} = \left| \frac{U^{(k)}}{T} \right|_{\min}.$$

Da das Minimum der Form $\sum\limits_{k=1}^{n} \dfrac{U^{(k)}}{T}$ unmöglich kleiner sein kann als die Summe der Minima der Formen $U^{(k)}/T$, gilt

$$(41) \qquad \lambda_1 \geqq \sum_{k=1}^{n} \lambda_1^{(k)} \, .$$

Man erhält auch hier eine untere Grenze für den kleinsten Eigenwert des zusammengesetzten Systems. Zu einem Urteil über die Güte der Näherung kommt man wie oben. Es seien

$$u_k(st)\, K(st) \qquad\qquad k = 1, 2, \ldots n$$

die Einflußfunktionen der Teilsysteme, wobei die $u_k(st)$ nur positive Werte größer als 1 annehmen können. Es gilt dann die Gleichung

$$\sum_{k=1}^{n} \frac{1}{u_k(st)} = 1 \, .$$

Für den Sonderfall $u_k = $ konst., $k = 1, 2, \ldots n$, folgt daraus wegen

$$\lambda_i = \lambda_i^{(k)}\, u_k$$

die Gleichung

$$(42) \qquad \lambda_i = \sum_{k=1}^{n} \lambda_i^{(k)} \, , \qquad\qquad i = 1, 2, \ldots$$

so daß in diesem Fall (41) exakt gilt. Weichen die u_k nur wenig von der Bedingung $u_k = $ konst. ab, dann wird (42) gute Näherungen liefern, und diese Beziehung kann zur Behandlung benachbarter Systeme verwendet werden, soweit die Systeme die gleichen Massenbelegungen, aber verschiedene Steifigkeiten besitzen.

14. Die Auflösung von Frequenzdeterminanten.

Einige der besprochenen Methoden führen auf ein lineares homogenes Gleichungssystem. Da die Auflösung einer vielreihigen Frequenzdeterminante nur dann mit erträglichem Rechenaufwand geleistet werden kann, wenn man die entsprechenden Hilfsmittel verwendet, sollen einige Bemerkungen hierüber den Schluß des Abschnittes über allgemeine Methoden bilden. Es wird manchmal empfohlen, die Frequenzdeterminante mit Hilfe der Rekursionsformeln für die Koeffizienten A_i in (5) aufzulösen[1], die ganz analog auch für lineare Gleichungssysteme gelten. Wenn das Gleichungssystem in der Form

$$\varphi_i = \lambda \sum_{k=1}^{n} \alpha_{ik}\, \varphi_k \qquad\qquad i = 1, 2, \ldots n$$

---

[1] Z. B.: F. H. VAN DEN DUNGEN: Cours de Technique des Vibrations Bd. 2 S. 55.

gegeben ist, läßt sich der Koeffizient A_1 in der Frequenzgleichung

$$1 - A_1 \lambda + A_2 \lambda^2 - \cdots = 0$$

leicht berechnen zu

$$A_1 = \sum_{i=1}^{n} \alpha_{ii}.$$

Ebenso läßt sich auch A_2 verhältnismäßig leicht bestimmen zu

$$A_2 = \tfrac{1}{2}\left(A_1^2 - \sum_{i=1}^{n} \sum_{\nu=1}^{n} \alpha_{i\nu}\, \alpha_{\nu i}\right).$$

Die Berechnung der höheren A_i ist sehr mühsam, da für jeden nächst höheren Koeffizienten eine Matrizenmultiplikation mit ihren n^3 Produktbildungen auszuführen ist. Es ist deshalb nicht vorteilhaft, weitere Koeffizienten der Frequenzgleichung auf diesem Wege auszurechnen. Für die ersten beiden Wurzeln hat man so die (meist sehr groben) Abschätzungen

$$\lambda_1 \geqq \frac{1}{A_1}, \qquad \lambda_1 \lambda_2 \geqq \frac{1}{A_2}.$$

Wünscht man bessere Werte für die Wurzeln und sollen auch die höheren Eigenwerte bestimmt werden, dann nimmt man zweckmäßig eine Umformung der Frequenzdeterminante nach Art des Gaussschen Algorithmus vor. Die allgemeinste Form der Frequenzdeterminante ist

$$\begin{vmatrix} a_{11} - b_{11}\lambda & a_{12} - b_{12}\lambda & \cdots & a_{1n} - b_{1n}\lambda \\ a_{21} - b_{21}\lambda & a_{22} - b_{22}\lambda & \cdots & a_{2n} - b_{2n}\lambda \\ \vdots & \vdots & & \vdots \\ a_{n1} - b_{n1}\lambda & a_{n2} - b_{n2}\lambda & \cdots & a_{nn} - b_{nn}\lambda \end{vmatrix} = 0.$$

In dieser Form wird sie bei der Anwendung des Ritzschen Verfahrens erhalten. Durch Multiplikation der zweiten Reihe mit b_{12}/b_{22} und Subtraktion von der ersten Reihe verschwindet das Glied $b_{12}\lambda$. Durch weitere entsprechende Operationen wird die Form

$$\begin{vmatrix} a_{11} - \lambda & a_{12} & \cdots & a_{1n} \\ a_{21} & a_{22} - \lambda & \cdots & a_{2n} \\ \vdots & \vdots & & \vdots \\ a_{n1} & a_{n2} & \cdots & a_{nn} - \lambda \end{vmatrix} = 0$$

hergestellt, die bei den übrigen Methoden bereits ursprünglich vorliegt. Die zweite Reihe wird jetzt mit a_{1n}/a_{2n} multipliziert und von der ersten subtrahiert, dadurch entsteht an Stelle von a_{1n} eine Null, ebenso werden in der letzten Spalte weitere Nullen hergestellt bis auf a_{n-2n}. Dann stehen jedoch an den Stellen rechts neben den Diagonalgliedern wieder Glieder mit λ, die durch entsprechende Multiplikation und Subtraktion von Spalten, von links anfangend, eliminiert werden. Schließlich bekommt die Frequenzdeterminante die Form

$$\begin{vmatrix} a_{11} - \lambda & a_{12} & 0 & 0 & \ldots & 0 & 0 \\ a_{21} & a_{22} - \lambda & a_{23} & 0 & \ldots & 0 & 0 \\ 0 & a_{32} & a_{33} - \lambda & a_{34} & \ldots & 0 & 0 \\ \vdots & \vdots & \vdots & \vdots & & \vdots & \vdots \\ 0 & 0 & 0 & 0 & & a_{nn-1} & a_{nn} - \lambda \end{vmatrix} = 0 .$$

Sie wird leicht aufgelöst durch die Rekursionsformeln

$$D_1 = (a_{11} - \lambda) ,$$
$$D_2 = (a_{22} - \lambda) D_1 - a_{21} a_{12} ,$$
$$D_3 = (a_{33} - \lambda) D_2 - a_{32} a_{23} D_1 ,$$
$$\vdots \qquad \vdots \qquad \vdots$$
$$D_n = (a_{nn} - \lambda) D_{n-1} - a_{n-1n} a_{nn-1} D_{n-2} = 0 .$$

Die Auflösung einer sechsreihigen Determinante erfordert bei Entwicklung nach Unterdeterminanten 1236 Produktbildungen, bei Anwendung des GAUSSschen Algorithmus[1] 89. In derselben Größenordnung ist der Zeitgewinn bei Anwendung des obigen Verfahrens zur Auflösung von Frequenzdeterminanten gegenüber der Behandlung der nicht umgeformten Determinante. Die Auffindung der Wurzeln geschieht entweder mit Hilfe des GRAEFFEschen Verfahrens[2] oder, wenn die ungefähre Lage der gesuchten Wurzeln geschätzt werden kann, mit Hilfe des bekannten Horner-Schemas[3].

III. Einzelprobleme.

15. Überblick.

Von den zahlreichen Einzelproblemen über Schwingungen elastischer Körper, welche mit Näherungsmethoden behandelt worden sind, kann nur eine beschränkte Auswahl getroffen werden. Es sei zunächst eine kurze Zusammenstellung derjenigen Fälle gegeben, bei denen die Behandlung von Schwingungen elastischer Systeme in der Technik besonders interessiert und durchgeführt worden ist.

a) Torsionsschwingungen in Wellenleitungen. Sie müssen insbesondere im Schiffbau berücksichtigt werden, da dort lange Wellen-

---

[1] Vgl. z. B. E. NETTO: Die Determinanten. Leipzig 1925.

[2] Siehe z. B. C. RUNGE: Praxis der Gleichungen, § 21. Berlin 1921.

[3] Über eine andere Methode der Auflösung der Säkulargleichung siehe das Referat über eine russische Arbeit von A. KRYLOFF: Zbl. Math. Bd. 2 (1932) S. 291, graphische Methoden geben H. H. JEFFCOTT: Philos. Mag. (7) Bd. 3 (1927) S. 689 und R. SODERBERG: Ebenda (7) Bd. 5 (1928) S. 47.

leitungen auftreten. Die Welle trägt an einem Ende die Schiffsschraube, am anderen Ende eine starre oder elastische Kupplung, welche die Verbindung mit der Antriebsmaschine herstellt. Oft besteht die Wellenleitung aus verschiedenen Wellen, die aneinandergekuppelt sind. In der Rechnung wird jede Kupplung durch ein Einzelträgheitsmoment und durch eine starre oder elastische Verbindung der Wellenabschnitte ersetzt. In die Welle werden periodisch veränderliche Antriebsdrehmomente eingeleitet, welche das System zu Drehschwingungen erregen können.

b) Schwingungserscheinungen in Kolbenmaschinen. Im Kolbenmaschinenbau wird auf die Vermeidung von Torsionsschwingungen der Kurbelwellen große Sorgfalt verwendet. Die exakte Berechnung der Schwingungen von Kurbelwellen unter Berücksichtigung der hin und her gehenden Massen ist schwierig[1], man beschränkt sich meist darauf, ein nach gewissen Vorschriften zu bildendes Ersatzsystem zu berechnen, nämlich die glatte Welle, welche an Stelle der Kurbeln Einzelträgheitsmomente besitzt. Ist eine Wellenleitung an die Kurbelwelle angeschlossen, dann müssen die Schwingungen des gesamten Systems untersucht werden. Die Erregung erfolgt wieder durch die periodisch veränderlichen Antriebsmomente[2].

c) Schwingungserscheinungen bei Kreiselmaschinen. Im Laufe der Entwicklung der modernen schnellaufenden Kreiselmaschinen, insbesondere der Dampfturbinen, ist man auf eine Reihe von Schwingungserscheinungen gestoßen, welche alle gelegentlich die Ursache zu schweren Betriebsunfällen waren. Es handelt sich dabei zunächst um die Frage der kritischen Drehzahlen rasch umlaufender Wellen oder des „Schleuderns" der Wellen bei gewissen Drehzahlen. Es liegen hier zwar keine Eigenschwingungen eines elastischen Systems vor, doch ist die Behandlung der kritischen Drehzahlen rasch umlaufender Wellen unter gewissen Voraussetzungen völlig identisch mit der Behandlung von Eigen-

---

[1] Selbst bei Beschränkung auf kleine Schwingungen führt das Problem auf ein System von linearen Differentialgleichungen mit periodischen Koeffizienten. Vgl. E. TREFFTZ: Vorträge aus dem Gebiet der Aerodynamik und verwandter Gebiete, S. 214. Aachen 1929. Numerische Auswertungen des TREFFTZschen Ansatzes sind enthalten in den Arbeiten von F. KLUGE: Ing.-Arch. Bd. 2 (1931) S. 119 und von T. E. SCHUNCK: Ebenda Bd. 2 (1931) S. 591. In der zuletzt genannten Arbeit wird die in 11 dargestellte Methode der Störungsrechnung auf die TREFFTZschen Differentialgleichungen angewendet. Vgl. auch die Arbeiten von J. R. GOLDSBROUGH: Proc. Roy. Soc. London A Bd. 109 (1925) S. 99; Bd. 113 (1927) S. 259.

[2] An Lehrbüchern, die Drehschwingungen von Maschinenwellen behandeln, seien außer den bereits zitierten genannt: GEIGER, I.: Technische Schwingungen und ihre Messung. Berlin 1927. — HOLZER, H.: Die Berechnung der Drehschwingungen. Berlin 1921. — FÖPPL, O.: Grundzüge der technischen Schwingungslehre. Berlin 1923. — WYDLER, H.: Drehschwingungen in Kolbenmaschinenanlagen. Berlin 1922. Eine sehr eingehende Diskussion aller hierhergehörigen Fragen und ziemlich vollständige Literaturangaben finden sich bei F. M. LEWIS: Trans. Soc. Naval Arch. Marine Engs. Bd. 33 (1925) 109—145.

schwingungsaufgaben. Außer dem Schleudern der Welle, das durch sorgfältige Auswuchtung des Rotationskörpers ungefährlich gemacht werden kann, sind noch die Schwingungen der auf der Welle befestigten Scheiben und der am Scheibenumfang angeordneten Schaufeln zu berücksichtigen. Die Erregung der Scheiben- und Schaufelschwingungen erfolgt durch die vom Standpunkt des mitrotierenden Beobachters periodische Beaufschlagung der Schaufeln durch den Dampf. Bei der Berechnung der Schwingung sind die recht erheblichen Zentrifugalkräfte zu berücksichtigen[1]. Eine ähnliche Aufgabe wie bei den Schwingungen von Turbinenschaufeln liegt bei den Schwingungen von Flugzeugpropellern vor, die ebenfalls durch Zentrifugalkräfte beeinflußt werden.

d) Schwingungserscheinungen bei Bauwerken. Sie können auf die verschiedenste Weise erregt werden. Die Kolben- und Kreiselmaschinen üben auf ihre Fundamente periodische horizontale oder vertikale bzw. umlaufende Kräfte aus, da sich der Massenausgleich in völlig idealer Weise nie erreichen läßt. Die so entstehenden Schwingungen der Fundamente sind der Gegenstand eingehender Untersuchungen gewesen[2]. In der gleichen Weise können Schiffe durch die periodischen von der Schraube ausgehenden Kräfte zu Schwingungen erregt werden[3].

---

[1] Die bei Kreiselmaschinen auftretenden Schwingungserscheinungen und kritischen Drehzahlen werden ausführlich behandelt bei A. STODOLA: Dampf- und Gasturbinen. Berlin 1924. Über Schwingungen von Schaufeln und Schaufelgruppen siehe E. SCHWERIN: Z. techn. Physik Bd. 8 (1927) S. 312 — Verh. 2. intern. Kongreß techn. Mech., S. 207. Zürich 1926. — Vgl. auch die zusammenfassende Arbeit von W. HORT: Z. Ver. Deutsch. Ing. Bd. 70 (1926) S. 1375, 1419, die insbesondere auch Material über die Scheibenschwingungen enthält.

[2] Die Fundamente der modernen Großkraftmaschinen werden nicht mehr als massive Blöcke, sondern in aufgelöster Bauweise als Rahmenkonstruktionen ausgeführt. Infolge der verhältnismäßig geringen Steifigkeit solcher Fundamente und der hohen Drehzahl der Kraftmaschinen können starke Resonanzschwingungen der Fundamente entstehen. Von Arbeiten, die sich mit der Berechnung und Messung von Fundamentschwingungen befassen, seien genannt: EHLERS, G.: Beton und Eisen Bd. 28 (1929) H. 22 u. 23. — FUHRMANN, O.: Bauing. Bd. 12 (1931) S. 417. — GEIGER, I.: Z. Ver. Deutsch. Ing. Bd. 67 (1923) S. 287. — KAYSER, H., u. A. TROCHE: Beton und Eisen Bd. 29 (1930) S. 15, 119. — MÜLLER, P.: Bauing. Bd. 10 (1929) S. 228. — PRAGER, W.: Z. techn. Physik Bd. 9 (1928) S. 223 — Bauing. Bd. 8 (1927) S. 923. — RAUSCH, E.: Beton und Eisen Bd. 27 (1928) S. 396 — Bauing. Bd. 11 (1930) S. 226, 247. — SPILKER, A.: Ebenda Bd. 12 (1931) S. 573, 601. — WINGERTER, E.: Ebenda Bd. 8 (1927) S. 515. Vor allem interessiert auch die Frage nach dem Energieverlust infolge der in den Boden ausgestrahlten Wellen. Vgl. hierüber G. BORNITZ: Über die Ausbreitung der von Großkolbenmaschinen erzeugten Bodenschwingungen in die Tiefe. Berlin 1932. — Ferner A. HEINRICH: Diss. Breslau 1930. — MINTROP, L.: Diss. Göttingen 1911.

[3] Das Schiff wird als schwingender Stab mit freien Enden betrachtet. Der Einfluß des umgebenden Wassers ist nur schwer abzuschätzen. Vgl. E. B. MOULLIN: Verh. 3. intern. Kongreß techn. Mech. Bd. 3 (Stockholm 1931) S. 28 — Proc. Cambridge Philos. Soc. Bd. 24 (1928) S. 531. — Ältere Untersuchungen über Schiffsschwingungen sind referiert bei A. KRILOFF u. C. H. MÜLLER: Die Theorie des Schiffs. Enz. Math. Wiss. IV Bd. 3 (1907) S. 559.

In manchen Fällen kann man die Periode der erregenden Kräfte nur auf statistische Weise erfassen. So z. B. enthalten die natürlichen Winde periodische Geschwindigkeitsschwankungen, deren Perioden mit den Schwingungszahlen von Bauwerken, welche besonders den Windkräften ausgesetzt sind (Leuchttürme, Schornsteine), möglichst nicht übereinstimmen sollen[1]. Ein ähnliches Problem liegt vor bei Bauwerken, die in Erdbebengebieten errichtet werden[2]. Endlich sei noch auf die Untersuchungen hingewiesen, welche in der Dynamik des Brückenbaus auftreten, und welche zum Ziel haben, die dynamischen Beanspruchungen von Brücken infolge der darüber fahrenden Züge zu berechnen[3].

16. Drehschwingungen von Stäben.

Die Differentialgleichung für die Amplitude y der harmonischen Drehschwingungen eines Stabes heißt

$$(43) \qquad \frac{d}{dx}\{p(x)\,y'\} + \lambda q(x)\,y = 0.$$

Hierin ist $p(x)$ die Drehsteifigkeit des Stabes (das ist das Moment, welches nötig ist, um einen homogenen Stab von der Länge Eins um den Drehwinkel Eins zu tordieren), $q(x)$ ist das Trägheitsmoment je Längeneinheit, y der Verdrehungswinkel und $\sqrt{\lambda}$ die Kreisfrequenz der Schwingung. Für die Transversalschwingungen einer Saite und für die Longitudinalschwingungen von Stäben gilt die gleiche Differentialgleichung, so daß alle Ergebnisse ohne weiteres auf diese Fälle übertragen werden können.

Um einen Überblick über die Güte sämtlicher dargestellter Näherungsverfahren zu geben, sollen in den folgenden Abschnitten die Ergebnisse von Zahlenrechnungen mitgeteilt werden, die teils der Literatur

---

[1] Über Schwingungen von Schornsteinen vgl. K. DÖHRING: Beton und Eisen Bd. 28 (1929) S. 352. — LEHR, E.: Ebenda Bd. 27 (1928) S. 301. — P. M.: Ebenda Bd. 27 (1928) S. 400. — Betreffend Schwingungen von Leuchttürmen siehe C. RIBIERE: Phares et Signaux maritimes. Paris 1908.

[2] Vgl. H. ROHDE: Bauing. Bd. 11 (1930) S. 214.

[3] Eine Übersicht über die Probleme der Brückendynamik gibt R. BERNHARD: Bauing. Bd. 11 (1930) S. 481. Die Messung der Eigenschwingungszahl einer Brücke in regelmäßigen Zeitabständen kann als gute Kontrolle für den Bauzustand der Brücke verwertet werden, da sich eine Veränderung in der Steifigkeit auf diese Art leicht nachweisen läßt. An Arbeiten über die Berechnung und Messung von Brückenschwingungen seien weiter genannt: BERNHARD, R.: Z. Ver. Deutsch. Ing. Bd. 73 (1929) S. 1675 — Stahlbau Bd. 1 (1928) S. 145. — BERNHARD, R., u. W. SPÄTH: Ebenda Bd. 2 (1929) S. 61. — BÜHLER, A.: Schweizerische Ingenieurbauten in Theorie und Praxis. Zürich 1926. — GEIGER, I.: Bauing. Bd. 5 (1924) S. 606. — HAWRANEK: Der Eisenbau 1914 H. 7. — HORT, W.: Bautechnik Bd. 6 (1928) S. 37, 50. — JEFFCOTT, H. H.: Philos. Mag. (7) Bd. 8 (1929) S. 66. — INGLIS, C.: Proc. Inst. Civil Engs. Bd. 218 (1924) S. 225. — KULKA, H.: Stahlbau Bd. 3 (1930) S. 301. — STEINER, F.: Z. öst. Arch. Ing. Ver. Bd. 44 (1892) S. 113, 149. — STRELETZKY, N.: Bautechnik Bd. 5 (1927) S. 598.

entnommen sind, zu einem Teil vom Referenten durchgeführt wurden. Naturgemäß läßt sich an Hand eines einzigen Beispiels kein zuverlässiges Urteil über den Wert der einzelnen Methoden gewinnen, und wenn einige Verfahren in den gewählten Beispielen schlecht abschneiden, ließen sich andere Fälle angeben, bei denen dieselben Verfahren den Vorzug verdienen. Letzten Endes kommt es bei der geeigneten Wahl eines Verfahrens nicht nur auf die Aufgabe selbst, sondern auch viel auf Gewöhnung und Vorbildung an, so daß ein allgemein und objektiv gültiges Urteil über den Wert oder Unwert einer Methode nur schwer gegeben werden kann. Die Reihenfolge der Verfahren ist die gleiche wie im allgemeinen Abschnitt.

Es werden zunächst die Drehschwingungen eines homogenen Stabes von der Länge l betrachtet, der am einen Ende $x = 0$ gehalten, am anderen Ende $x = 1$ frei ist. Es möge $p(x) = q(x) = 1$ gelten, so daß die Differentialgleichung der Schwingung die Form

$$\frac{d^2 y}{d x^2} + \lambda y = 0$$

hat. Mit den Randbedingungen $y(0) = 0, y'(1) = 0$ erhält man die Lösung

$$y = A \sin \sqrt{\lambda}\, x$$

mit

$$\sqrt{\lambda} = \frac{2n + 1}{2}\, \pi . \qquad\qquad n = 0, 1, 2, \dots$$

Die Umrechnung auf einen Stab mit der Länge l, der Steifigkeit p und der Masse q erfolgt vermittels

$$\lambda^* = \lambda\, \frac{p}{q\, l^2} .$$

a) Verwendung der Einflußfunktion. Die Einflußfunktion des Stabes ist von der Form

$$K(x\xi) = \xi \quad \text{für} \quad x > \xi ,$$
$$K(x\xi) = x \quad \text{für} \quad x < \xi .$$

Der Koeffizient A_1 in (5) beträgt

$$A_1 = \int\limits_0^1 K(xx)\, dx = \tfrac{1}{2} ,$$

also liefert die erste der Abschätzungen (12): $\sqrt{\lambda_1} = 1{,}414$, während der wahre Wert $\pi/2 = 1{,}571$ beträgt; die Abschätzung (12) ist recht grob, aber einfach zu erhalten, wenn die Einflußfunktion bekannt ist. Die Integralgleichung

$$y(x) = \lambda \int\limits_0^1 K(x\xi)\, y(\xi)\, d\xi$$

soll jetzt ersetzt werden durch ein System von linearen Gleichungen. Der Stab wird zunächst in vier gleich große Intervalle eingeteilt, die

Werte der Einflußfunktion in den fünf Intervallendpunkten werden dargestellt durch die Matrix

$$\left\{\begin{array}{ccccc} 0 & 0 & 0 & 0 & 0 \\ 0 & \tfrac{1}{4} & \tfrac{1}{4} & \tfrac{1}{4} & \tfrac{1}{4} \\ 0 & \tfrac{1}{4} & \tfrac{1}{2} & \tfrac{1}{2} & \tfrac{1}{2} \\ 0 & \tfrac{1}{4} & \tfrac{1}{2} & \tfrac{3}{4} & \tfrac{3}{4} \\ 0 & \tfrac{1}{4} & \tfrac{1}{2} & \tfrac{3}{4} & 1 \end{array}\right\}.$$

Das in der Integralgleichung stehende Integral wurde ausgewertet mit Hilfe der Trapezregel, der SIMPSONschen Regel und der entsprechenden Formel zur numerischen Quadratur mit fünf Ordinaten. Außerdem wurde die TSCHEBYSCHEFFsche Formel für fünf Ordinaten verwendet. Das Ergebnis für die Eigenfrequenzen zeigt folgende Tabelle, die in Klammern angegebenen Zahlen beziehen sich auf die prozentuale Abweichung vom genauen Wert.

n	$\dfrac{2n+1}{2}\pi$	Trapezregel	SIMPSONsche Regel	NEWTONsche 5-Ordinaten-Formel	TSCHEBYSCHEFFsche 5-Ordinaten-Formel
0	1,571	1,560 (−0,7)	1,556 (−0,9)	1,556 (−0,9)	1,564 (−0,5)
1	4,712	4,444 (−5,7)	4,280 (−9,1)	4,208 (−10,6)	4,520 (−4,0)
2	7,854	6,65 (−15,3)	7,33 (−6,6)	7,71 (−1,8)	7,06 (−10,0)
3	10,996	7,84 (−28,7)	8,34 (−24,2)	8,77 (−20,2)	9,04 (−18,1)

Man sieht, daß die Verwendung von komplizierteren Formeln zur numerischen Integration keine wesentlichen Vorteile bringt gegenüber der Trapezregel. Der Grundton wird in allen Fällen mit großer Genauigkeit erhalten, die Obertöne mit regellos wechselnder Genauigkeit.

Bei dem Stab, der an beiden Enden frei ist, tritt eine Schwierigkeit auf insofern, als die im üblichen Sinn definierte Einflußfunktion unendlich wird. Man kann jedoch auch für diesen Fall eine Integralgleichung anschreiben. Es gilt

$$(44) \qquad y(x) - y(0) = \lambda \int_0^1 K(x\xi)\, q(\xi)\, y(\xi)\, d\xi\,,$$

worin $K(x\xi)$ die Einflußfunktion des fest-freien Stabes ist. Die Gleichgewichtsbedingung aller Trägheitsmomente erfordert die Gültigkeit der Beziehung

$$\int_0^1 q(x)\, y(x)\, dx = 0\,.$$

Unter Benutzung dieser Gleichung erhält man durch Multiplikation von (44) mit $q(x)$ und Integration

$$y(0) = -\lambda \int_0^1 y(\xi)\, q(\xi)\, \frac{\displaystyle\int_0^1 K(x\xi)\, q(x)\, dx}{\displaystyle\int_0^1 q(x)\, dx}\, d\xi\,,$$

also läßt sich (44) schreiben in der Form

$$y(x) = \lambda \int_0^1 K^*(x\xi)\, q(\xi)\, y(\xi)\, d\xi\,,$$

wo

$$K^*(x\xi) = K(x\xi) - \frac{\int_0^1 K(x\xi)\, q(x)\, dx}{\int_0^1 q(x)\, dx}\,.$$

b) Das Iterationsverfahren für den Grundton. Man bildet die Folge

$$y_n'' + y_{n-1} = 0\,. \quad n = 0, 1, 2 \ldots \text{ mit } y_0 = 1\,.$$

Unter Berücksichtigung der Randbedingungen $y(0) = y'(1) = 0$ erhält man

$$y_0 = 1,\quad y_1 = x - \frac{x^2}{2}\,,\quad y_2 = \frac{x}{3} - \frac{x^3}{6} + \frac{x^4}{24}\,,\quad y_3 = \frac{2}{15}x - \frac{x^3}{18} + \frac{x^5}{120} - \frac{x^6}{720}\,.$$

Bildet man $\lambda = y_{n-1}(1)/y_n(1)$ für die Stelle der größten Auslenkung, dann ergibt sich nacheinander

$\sqrt{\dfrac{y_0}{y_1}}$	$\sqrt{\dfrac{y_1}{y_2}}$	$\sqrt{\dfrac{y_2}{y_3}}$	$\dfrac{\pi}{2}$
1,414	1,550	1,568	1,571

c) Mittelwertbildung. Die Mittelwertbildung (19) liefert bei Verwendung von

	y_0 und y_1	y_1 und y_2	$\pi/2$
die Werte	1,581	1,5709	1,57089

Diese Werte sind, wie es sein muß, zu groß. Die Quotienten y_{n-1}/y_n ergaben für die Stelle des maximalen Ausschlags einen zu kleinen Wert, doch gilt das nicht allgemein, sondern nur für die Ausgangsfunktion $y_0 = 1$. Die Verbesserung der Konvergenz durch die Mittelwertbildung ist sehr groß. Der zweite Schritt ist schon ganz wesentlich besser als der dritte Schritt des gewöhnlichen Iterationsverfahrens.

d) Das Iterationsverfahren für die höheren Eigenwerte. Es sei angenommen, daß die Grundschwingungsform bekannt sei, also

$$\varphi_1(x) = \sin \frac{\pi}{2} x\,.$$

Als Ausgangsfunktion für die zweite Eigenfunktion wird $y_0 = \pm 1$ genommen, dann ist mit den Bezeichnungen von **8**

$$\bar{y}_0 = y_0 - \varphi_1 \int_0^1 y_0 \varphi_1\, dx\,.$$

Die Nullstelle von y_0 wird so gewählt, daß das Integral auf der rechten Seite verschwindet, also aus der Gleichung

$$\int_0^\xi \sin \frac{\pi}{2} x\, dx - \int_\xi^1 \sin \frac{\pi}{2} x\, dx = 0$$

zu $\xi = \frac{2}{3}$ ermittelt. Die Verdrehung $y_1(x)$, welche zu den Momenten

$$y_0 = 1 \qquad \text{für} \quad 0 < x < \tfrac{2}{3},$$

$$y_0 = -1 \qquad \text{für} \quad \tfrac{2}{3} < x < 1$$

gehört, heißt

$$y_1 = -\frac{x^2}{2} + \frac{x}{2} \qquad \text{für} \quad 0 < x < \frac{2}{3},$$

$$y_1 = \frac{x^2}{2} - x + \frac{4}{9} \qquad \text{für} \quad \frac{2}{3} < x < 1.$$

Diese Funktion hat ihre Nullstelle ebenfalls bei $\xi = \frac{2}{3}$, und der Ausdruck

$$\frac{4\,\varphi_1}{\pi^2} \int\limits_0^1 y_1 \varphi_1 \, dx$$

wird so klein, daß er vernachlässigt werden kann. Die Mittelwertformel (19) liefert, angewandt auf y_0 und y_1, den Wert $\sqrt{\lambda_2} = 4{,}74$ an Stelle des wahren Wertes $4{,}712$. Die einfache Quotientenbildung y_0/y_1 an der Stelle $x = 1$ ergibt $\sqrt{\lambda_2} = 4{,}24$, also wider ein wesentlich schlechteres Ergebnis. Die Formel (22) ergibt mit den aus b) zu entnehmenden Werten

$$y_0(1), \quad y_1(1), \quad y_2(1) \quad \text{und} \quad y_3(1)$$

für das Produkt des ersten und zweiten Eigenwertes $\lambda_1 \lambda_2 = 40{,}0$, also $\sqrt{\lambda_2} = 4{,}02$, es ist zu beachten, daß hier drei Iterationsschritte verwendet wurden, während bei der vorhergehenden Methode ein einziger Schritt schon ein besseres Ergebnis brachte. Die Mittelwertformel (23) gibt mit y_0, y_1 und y_2 das Produkt der ersten beiden Eigenwerte zu $\lambda_1 \lambda_2 = 63$, also $\sqrt{\lambda_2} = 5{,}05$. Man sieht, daß auch diese Berechnungsart hier gegenüber der obigen Methode zurücksteht, ganz abgesehen von den Unbequemlichkeiten infolge des Auftretens kleiner Differenzen von großen Zahlen in (22) und (23).

e) Anwendung der Extremalprinzipien. (28) und (29) heißen in dem Fall der Drehschwingungen

$$(45) \qquad \lambda = \frac{\displaystyle\int_0^1 p\,y'^2\,dx}{\displaystyle\int_0^1 q\,y^2\,dx},$$

$$(46) \qquad \lambda = \frac{\displaystyle\int_0^1 \frac{M'^2}{q}\,dx}{\displaystyle\int_0^1 \frac{M^2}{p}\,dx}.$$

Hierin bedeutet M das in einem Querschnitt übertragene Drehmoment, M' ist das auf den Stab wirkende äußere Moment je Längeneinheit.

Ist y_0 eine geschätzte Schwingungsform, dann ist $M' = qy_0$ zu setzen, M erhält man daraus durch einmalige Integration. Wir nehmen wieder $p(x) = q(x) = 1$ an und setzen zunächst $y_0 = 1$, diese Funktion erfüllt die Randbedingungen nicht und liefert in (45) eingesetzt, das unbrauchbare Ergebnis $\lambda_1 = 0$, dagegen gibt (46) den Wert $\sqrt{\lambda_1} = 1{,}73$ (gegen $\pi/2 = 1{,}571$). Zur Auswertung von (46) war nur eine einzige Integration erforderlich, die $M = 1 - x$ ergab. Man beachte, daß zur Bildung eines Iterationsschrittes zwei Integrationen notwendig sind. (46) ermöglicht es, mit der halben Arbeit eines Iterationsschrittes die Näherung (45) wesentlich zu verbessern. Die Ausführung des gesamten Iterationsschrittes erhöht die Genauigkeit natürlich nochmals erheblich. Man erhält

$$y_1 = x - \frac{x^2}{2} \, ,$$

was, in (45) eingesetzt, $\sqrt{\lambda_1} = 1{,}581$ ergibt. Wählt man als Ausgangsfunktion $y_0 = x$, dann gibt (45) $\sqrt{\lambda_1} = 1{,}73$ und (46) (mit $M = \frac{1}{2}(1 - x^2)$) $\sqrt{\lambda_1} = 1{,}581$. Man sieht, daß die Schätzung der Schwingungsform nur sehr grob zu sein braucht (in dem Beispiel eine Gerade statt einer Sinuslinie), um trotzdem mit (46) sehr gute Werte für die kleinste Eigenfrequenz zu erhalten. Um dagegen mit (45) gute Näherungen zu erhalten, ist eine wesentlich genauere Schätzung der Schwingungsform notwendig. Sie wird am besten durch Ausführung eines Iterationsschrittes gewonnen, (45) wird dann in der Form

$$\lambda = \frac{\int\limits_0^1 y_0 y_1 q \, dx}{\int\limits_0^1 y_1^2 q \, dx}$$

verwendet und ist identisch mit der Mittelwertbildung (19).

Es sei hier auf eine Reziprozitätsbeziehung zwischen der Masse $q(x)$ und der Steifigkeit $p(x)$ hingewiesen, die unmittelbar aus (45) und (46) abzulesen ist[1]. Deutet man nämlich in (46) die Größe M als Verdrehung $\bar{y}$, dann geht (46) in (45) über, wenn außerdem noch

$$\frac{1}{q} = \bar{p} \quad \text{und} \quad \frac{1}{p} = \bar{q}$$

gesetzt wird. Das bedeutet folgendes: Bildet man aus einem System ein neues, dessen Steifigkeit gleich der reziproken Masse des ursprünglichen Systems und dessen Masse gleich der reziproken Steifigkeit des ursprünglichen Systems ist, dann haben beide Systeme die gleichen Grundschwingungszahlen, wenn überdies noch die Randbedingungen für die Auslenkung mit den Randbedingungen für die Momente des

---

[1] Hohenemser, K., u. W. Prager: Ing.-Arch. Bd. 3 (1932) S. 306.

ursprünglichen übereinstimmen. Man kann nun leicht für die „Eigenmomente" M_i die Beziehungen

$$\int \frac{M_i M_k}{p}\, dx = 0$$

nachweisen, die für das neue System in die Orthogonalitätsbeziehungen

$$\int \bar{y}_i \bar{y}_k \bar{q}\, dx = 0$$

übergehen. Damit ist gezeigt, daß die Extremalform (46) inklusive der für die höheren Eigenwerte zu fordernden Nebenbedingungen durch die angegebene Substitution in die Extremalform (45) mit Nebenbedingungen übergeht, d. h. der oben formulierte Satz gilt auch für alle Obertöne.

f) Graphische Lösung der Differentialgleichung mit probeweise angenommenen Eigenwerten. Diese Methode wird für technische Aufgaben wohl mit am häufigsten angewendet[1]. Die graphische Integration der Differentialgleichung

$$\frac{d}{dx}\{p(x)\,y'\} = -f(x)$$

mit gegebener Funktion $f(x)$ ist leicht durchzuführen[2]. Es ist nämlich der Ausdruck

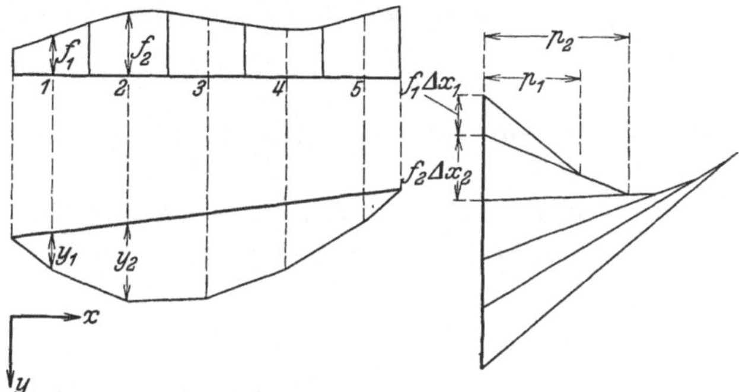

Fig. 3. Graphische Integration der Differentialgleichung
$$\frac{d}{dx}(p\,y')' = -f(x).$$

$$y' = \frac{1}{p(x)}\left(-\int\limits_0^x f(x)\, dx + p(0)\, y'(0) \right)$$

folgendermaßen graphisch anzunähern: Man teilt den Argumentbereich in n Intervalle und ersetzt das Integral durch die Summe $\sum\limits_i f_i \Delta x_i$.

Das nach Fig. 3 zu zeichnende Poleck liefert die Neigungen y' der Lösungskurve, die dann durch Parallelenziehen und unter Berücksichtigung der Randbedingungen [in Fig. 3 ist $y(0) = y(1) = 0$ gewählt] gefunden wird. Die Schwingungsdifferentialgleichung unterscheidet sich von der obigen Differentialgleichung dadurch, daß an

[1] Die Methode wurde zuerst entwickelt von L. GÜMBEL für die Transversalschwingungen eines Stabes (Schiffsschwingungen): Jb. schiffbautechn. Ges. Bd. 2 (1901) S. 209. Die Übertragung der Methode auf die Drehschwingungen von Wellen mit Berücksichtigung von dämpfenden Kräften behandelt GÜMBEL in den Arbeiten in der Z. Ver. Deutsch. Ing. Bd. 55 (1912) S. 1025; Bd. 63 (1919) S. 771, 802; Bd. 66 (1922) S. 252. Die gleiche Methode wurde ohne Kenntnis der GÜMBELschen Arbeiten angegeben von R. V. SOUTHWELL: Philos. Mag. (6) Bd. 41 (1921) S. 419.

[2] Es ist das das bekannte MOHRsche Verfahren. Vgl. z. B. A. FÖPPL: Technische Mechanik Bd. 2, § 13. Berlin 1900.

Stelle einer gegebenen Funktion $f(x)$ der Ausdruck $\lambda q y$ steht, der sowohl den unbekannten Eigenwert λ wie auch die unbekannte Eigenfunktion $y(x)$ enthält. Wenn jedoch die Anfangsneigung $y'(0)$ und der Anfangswert der Lösung $y(0)$ gegeben sind, dann läßt sich nach Annahme von λ die Lösung gewinnen. Es ergibt sich mit den Bezeichnungen der Fig. 3 zunächst

$$y_1 = y(0) + \frac{\Delta x_1}{2}\, y'(0)\,,$$

und man erhält mit $f_1 = \lambda q y_1$ die Neigung im nächsten Intervall, wodurch y_2 gewonnen wird usw. Fällt λ mit einem Eigenwert zusammen, dann sind die Randbedingungen am anderen Ende erfüllt, während sich für andere λ Werte unrichtige Randbedingungen ergeben. Besonders geeignet ist die Methode zur Ermittlung der Schwingungsform einer erzwungenen Schwingung von gegebener Periode. Es ist dann

$$f(x) = \lambda q(x)\, y + k(x)$$

zu setzen, wo $k(x)$ die Kraftamplitude der erregenden periodischen Kraft ist[1].

g) Methode der Differenzengleichungen. Es werde wieder $p(x) = q(x) = 1$ angenommen, dann heißt die Differenzengleichung der Schwingung

$$y_{i-1} - 2y_i + y_{i+1} + \lambda y_i = 0\,. \qquad i = 1, 2, \ldots$$

Der Stab werde wieder in vier Intervalle von der Länge 1 geteilt. Das System der Differenzengleichungen heißt dann unter Berücksichtigung der Randbedingungen $y(0) = y'(1) = 0$

$$
\begin{aligned}
y_1(\lambda - 2) + y_2 &&&= 0\,, \\
y_1 + y_2(\lambda - 2) + y_3 &&&= 0\,, \\
y_2 + y_3(\lambda - 2) + y_4 &&&= 0\,, \\
2y_3 + y_4(\lambda - 2) &&&= 0\,.
\end{aligned}
$$

Die Frequenzgleichung

$$
\begin{vmatrix}
\lambda - 2 & 1 & 0 & 0 \\
1 & \lambda - 2 & 1 & 0 \\
0 & 1 & \lambda - 2 & 1 \\
0 & 0 & 2 & \lambda - 2
\end{vmatrix} = 0
$$

---

[1] Die graphische Integration der Differentialgleichung

$$(p y')' + f(x) = 0$$

und entsprechend auch die der homogenen Differentialgleichung läßt sich ebenfalls mit Hilfe einer Methode von V. BLAESS [Z. techn. Physik Bd. 9 (1928) S. 7] ausführen, die auf einer geometrischen Interpretation der TAYLORschen Reihe beruht. Eine Konstruktion des Krümmungsmittelpunktes zur BLAESSschen Methode gibt W. MEYER ZUR CAPELLEN: Z. techn. Physik Bd. 11 (1930) S. 259.

hat die gleichen Wurzeln wie die mit der Trapezregel für fünf Ordinaten ausgewertete Integralgleichung in a) (wobei die λ auf die Länge Eins umzurechnen sind). Die Methode der Differenzengleichungen hat, wie schon früher bemerkt wurde, gegenüber der Integralgleichungsmethode den Vorteil, daß die Frequenzdeterminante bereits in der reduzierten Form erhalten wird, so daß sich das in **14** beschriebene Verfahren erübrigt.

h) Sukzessive Approximation. Das Verfahren in der Form von COWLEY und LEVY liefert mit $p = q = 1$ und mit den Randbedingungen $y(0) = y'(1) = 0$ für die Lösung $y(x)$ die Reihe

$$y = y_0 + \lambda y_1 + \lambda^2 y_2 + \cdots.$$

Die y_i ergeben sich aus

$$\frac{d^2 y_0}{d x^2} = 0\,, \qquad \frac{d^2 y_{n+1}}{d x^2} + y_n = 0$$

zu

$$y_0 = C x\,, \qquad y_1 = -C\frac{x^3}{3!}\,, \qquad y_2 = C\frac{x^5}{5!}\,, \qquad y_3 = -C\frac{x^7}{7!}\,, \qquad \cdots$$

Daraus folgt die Frequenzgleichung

$$y'(1) = 1 - \frac{\lambda}{2!} + \frac{\lambda^2}{4!} - \frac{\lambda^3}{6!} + \cdots = 0\,.$$

Der erste Schritt liefert $\sqrt{\lambda_1} = 1{,}414$, der zweite $\sqrt{\lambda_1} = 1{,}591$, der dritte $\sqrt{\lambda_1} = 1{,}570$ (gegen $\pi/2 = 1{,}571$). Der zweite Eigenwert ist selbst bei Verwendung der dritten Näherung nicht reell, die Reihe für $y(x)$ konvergiert bei größeren λ so langsam, daß eine sehr große Gliederzahl erforderlich wäre, um daraus auch gute Näherungen für die höheren Eigenwerte zu erhalten.

i) Störungsrechnung. Als Beispiel soll hier ein Stab mit Kreisquerschnitt genommen werden, für den $q = \alpha p$ gilt (α ist gleich dem Verhältnis von Dichte zum Gleitmodul des Materials und unabhängig von der Querschnittsgröße). Die Differentialgleichung der Schwingung heißt dann

$$\frac{d}{dx}(p y') + \lambda p y = 0\,,$$

worin λ jetzt das Produkt aus Eigenwert mit α darstellt. Die Randbedingungen seien wieder $y(0) = y'(1) = 0$, und für p werde gesetzt

$$p = (1 - \beta x)^4$$

(konischer Stab). Durch die Substitution $u = y\sqrt{p}$ wird die in (34) vorausgesetzte Form der Differentialgleichung hergestellt:

$$u'' + \lambda u - \frac{2\beta^2}{(1 - \beta x)^2}\, u = 0\,.$$

Die Randbedingungen gehen über in

$$u(0) = 0\,, \qquad u'(1) + \frac{2\beta}{1 - \beta}\, u(1) = 0\,.$$

Für $\beta = 0$ erhält man die Grundlösung u_0 mit den Eigenfrequenzen

$$\sqrt{\lambda_{0\,n}} = \frac{2n+1}{2}\,\pi\,,$$

wobei n die Ordnung der Schwingung angibt. Eine bessere Näherung u_1 erhält man dadurch, daß β in der Differentialgleichung gleich Null gesetzt, in den Randbedingungen aber berücksichtigt wird. Es ergeben sich dann für $\beta = 0{,}5$ die vier ersten Eigenfrequenzen zu

$$\sqrt{\lambda_{1\,0}} = 1{,}456\,\sqrt{\lambda_{0\,0}}\,, \qquad \sqrt{\lambda_{1\,1}} = 1{,}080\,\sqrt{\lambda_{0\,1}}\,,$$

$$\sqrt{\lambda_{1\,2}} = 1{,}031\,\sqrt{\lambda_{0\,2}}\,, \qquad \sqrt{\lambda_{1\,3}} = 1{,}015\,\sqrt{\lambda_{0\,3}}\,.$$

Der erste Index deutet an, daß es sich um die 0te, 1te, ... Annäherung an die wirklichen Eigenwerte handelt. Eine nächst bessere Näherung erhält man dadurch, daß

$$\frac{2\,\beta^2}{(1-\beta x)^2} = C + t(x)$$

gesetzt wird. C ist ein Mittelwert für die Funktion $2\,\beta^2/(1-\beta x)^2$, $t(x)$ die Abweichung von diesem Mittelwert. Die Differentialgleichung heißt jetzt

$$u'' + (\lambda - C)\,u - t(x)\,u = 0\,,$$

Für $t(x) = 0$ sind die Lösungen u_2 mit u_1 identisch, und die Eigenwerte betragen

$$\lambda_{2\,n} = \lambda_{1\,n} + C\,.$$

Wenn man jetzt das in **11** beschriebene Verfahren, ausgehend von der Grundlösung u_2, anwendet, erhält man für die erste Eigenwertänderung des Grundtons den Ausdruck

$$\varepsilon_1 = \int\limits_0^1 t(x)\,u_2\,dx\,.$$

Die Konstante C wird zweckmäßig so bestimmt, daß dieses Integral annähernd verschwindet. Dies ergibt $C = 1{,}125$, und man erhält

$$\sqrt{\lambda_{2\,0}} = 1{,}103\,\sqrt{\lambda_{1\,0}}\,, \qquad \sqrt{\lambda_{2\,1}} = 1{,}021\,\sqrt{\lambda_{1\,1}}\,,$$

$$\sqrt{\lambda_{2\,2}} = 1{,}009\,\sqrt{\lambda_{1\,2}}\,, \qquad \sqrt{\lambda_{2\,3}} = 1{,}004\,\sqrt{\lambda_{1\,3}}\,.$$

Bei dem nächsten Schritt der Störungsrechnung werden die λ_{20}, λ_{21}, ... mit bzw. 1,002, 0,999, 1,000, ... multipliziert, der nachfolgende Schritt ändert die dritte Dezimale nach dem Komma nicht mehr. Als genaue Werte haben zu gelten

$$\sqrt{\lambda_0} = 1{,}607\,\frac{\pi}{2}\,, \quad \sqrt{\lambda_1} = 1{,}102\,\frac{3\,\pi}{2}\,, \quad \sqrt{\lambda_2} = 1{,}040\,\frac{5\,\pi}{2}\,, \quad \sqrt{\lambda_3} = 1{,}019\,\frac{7\,\pi}{2}\,.$$

Diese Zahlen werden später noch zu dem Vergleich für die Genauigkeit anderer Methoden herangezogen[1].

---

[1] Die Rechnungsergebnisse sind der Arbeit von W. MEYER ZUR CAPELLEN [Ann. Physik (5) Bd. 8 (1931) S. 297] entnommen.

k) Benachbarte Systeme. In vielen technischen Anwendungsgebieten, z. B. bei den Drehschwingungen von Kurbelwellen, sind die Einzelträgheitsmomente groß im Verhältnis zu den Trägheitsmomenten der Welle, es ist dann zulässig und üblich, die Trägheitsmomente der Wellenabschnitte zu vernachlässigen, so daß ein System mit endlich vielen Freiheitsgraden entsteht. Die Zahl der Freiheitsgrade ist allerdings meist so groß, daß Näherungsmethoden zur Auffindung der Eigenfrequenzen verwendet werden. Es lassen sich alle besprochenen Verfahren auch auf Systeme mit endlich vielen Freiheitsgraden übertragen, da die Integrale ja immer im STIELTJESschen Sinne aufgefaßt wurden. Auf eine Reihe von graphischen und numerischen Probierverfahren, die der besonderen Aufgabe der Drehschwingungen einer Welle mit Einzelträgheitsmomenten angepaßt sind, soll nur hingewiesen werden[1].

Die Berechnung eines Ersatzsystems, welches aus Stababschnitten mit stückweise konstanter Steifigkeit und Massenbelegung besteht, kann auf graphischem Wege vorgenommen werden[2]. Die Lösung für einen

---

[1] Vgl. H. DEUTLER: Z. techn. Mech. Thermodyn. Bd. 1 (1930) S. 434. — DREVES: Z. Ver. Deutsch. Ing. Bd. 62 (1918) S. 588. — GEIGER, I.: Diss. Charlottenburg 1914. — FÖPPL, O.: Z. angew. Math. Mech. Bd. 1 (1921) S. 367. — KOHN, P.: Maschinenbau Bd. 5 (1926) S. 220. — RAUSCH, E.: Ing.-Arch. Bd. 1 (1930) S. 203. Bei den praktisch interessierenden Fällen kommt immer eine Reihe von gleichen Einzelträgheitsmomenten vor, die äquidistante Abstände voneinander haben, entsprechend den Kurbeln der Kolbenmaschinenwellen. Man kann daher die Rechnung so weit vorbereiten, daß die Welle nur noch wie ein System mit ganz wenigen Massen berechnet wird. In dieser Richtung gehen die Arbeiten von H. BEHRENS: Wert Reederei und Hafen Bd. 11 (1930) S. 55, 141. — BENZ, W.: Automobiltechn. Z. Bd. 33 (1930) S. 648. — GEIGER, I.: Z. Ver. Deutsch. Ing. Bd. 65 (1921) S. 1241. — GÖLLER, F.: Ebenda Bd. 74 (1930) S. 497. — GRAMMEL, R.: Ing.-Arch. Bd. 2 (1931) S. 228. — SASS, F.: Z. Ver. Deutsch. Ing. Bd. 65 (1921) S. 67. — TAYLOR, J. L.: Engg. Bd. 131 (1931) S. 259. An weiterer Literatur über Drehschwingungen seien hier genannt: BRAUCHITSCH, E. v.: Z. techn. Physik Bd. 4 (1923) S. 426. — EICHELBERG, G.: Festschrift Stodola zum 70. Geburtstag, S. 122. Zürich 1929. — FÖPPL, O.: Ing.-Arch. Bd. 1 (1930) S. 223. — FOX, J. F.: J. Amer. Soc. Naval Engs. Bd. 38 (1926) S. 695. — FRAHM: Z. Ver. Deutsch. Ing. Bd. 46 (1902) S. 779, 886. — FRITH, J., u. E. H. LAMB: J. Inst. Mech. Engs. Bd. 31 (1901) S. 646. — JANSON, E. N., u. J. O. RICHARDSON: J. Amer. Soc. Naval Engs. Bd. 29 (1917) S. 1. — LÜRENBAUM, K.: Luftfahrtforschg. Bd. 6 (1929) S. 97. Das an Stelle der Kurbelwelle verwendete Ersatzsystem ist mit der gleichen Steifigkeit gegen Verdrehung zu versehen, wie sie die Kurbelwelle besitzt. Mit Untersuchungen über die Torsionssteifigkeit von Kurbelwellen beschäftigen sich die Arbeiten von B. C. CARTER: Engg. Bd. 126 (1928) S. 36. — STIEGLITZ, A.: Jb. Deutsch. Versuchsanst. f. Luftfahrt 1929 S. 426. — TIMOSHENKO, S.: Trans. Amer. Soc. Mech. Engs. Bd. 44 (1922) S. 653.

[2] LEWIS, F. M.: J. Amer. Soc. Naval Engs. Bd. 31 (1919) S. 857. Dasselbe Verfahren wurde von R. GRAMMEL [Z. angew. Math. Mech. Bd. 5 (1925) S. 193] zur Auflösung der Differentialgleichung der Drillungsschwingungen einer Scheibe angegeben, welche in die Form der Differentialgleichung (43) gebracht werden kann.

Stababschnitt heißt, wenn wieder wie in i) Kreisquerschnitt vorausgesetzt wird und λ das Produkt aus Eigenwert mit α darstellt:

$$y = C_i \sin\left(\sqrt{\lambda}\,x + \beta_i\right).$$

An den Sprungstellen gelten, wenn keine Einzelträgheitsmomente oder elastischen Kupplungen dort angebracht sind, die Übergangsbedingungen

$$y_{i-0} = y_{i+0},$$

$$y'_{i-0}\,p_{i-0} = y'_{i+0}\,p_{i+0}.$$

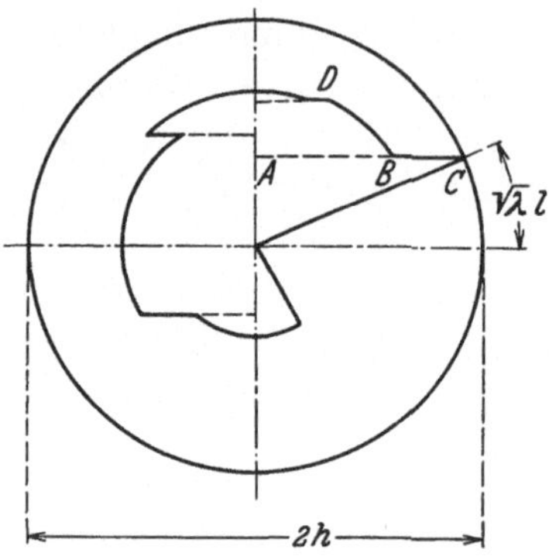

Fig. 4. Zeichnerische Ermittlung der Schwingungsform eines Stabes mit stückweise konstantem Querschnitt.

Sind wieder die Anfangswerte $y(0)$ und $y'(0)$ gegeben, etwa $y(0) = 0$, $y'(0) = h$, dann läßt sich die Lösung nach Fig. 4 zeichnerisch gewinnen, wenn außerdem noch λ vorgegeben wird. Man trägt auf einem Kreis vom Durchmesser $2h$ die Größe $\sqrt{\lambda}\,l_1$ ab, wobei l_1 die Länge des ersten Abschnitts ist. An der Sprungstelle bleibt die Verdrehung

$$y = \frac{h}{\sqrt{\lambda}} \sin\sqrt{\lambda}\,l_1$$

konstant, dagegen erleidet die Ableitung

$$y' = h \cos\sqrt{\lambda}\,l_1$$

einen Sprung im Verhältnis

$$\frac{AC}{AB} = \frac{p_{i-0}}{p_{i+0}}.$$

Jetzt wird auf dem Kreis durch B die Strecke $BD = \sqrt{\lambda}\,l_2$ aufgetragen usw. Am Ende des Stabes erhält man dann Randbedingungen, die nur dann mit den wirklichen Randbedingungen übereinstimmen, wenn λ einer der Eigenwerte des Systems ist.

Für die rechnerische Behandlung derselben Aufgabe, besonders auch dann, wenn es sich um die erzwungenen Schwingungen durch mehrere erregende Momente handelt, ist eine Methode geeignet, welche in bequemer Weise zu einem System linearer Gleichungen führt[1]. Man geht dabei aus von den erzwungenen Schwingungen eines Stababschnitts von der Länge l_k; dessen Enden periodisch mit der Kreisfrequenz $\sqrt{\lambda}$ und mit den Amplituden y_{k-1} und y_k verdreht werden. Die Amplituden der periodischen Endmomente, die zur Aufrechterhaltung der Bewegung

---

[1] Die Methode wurde angegeben von W. PRAGER: Ing.-Arch. Bd. 1 (1930) S. 527. Auf die Behandlung von Drehschwingungen wurde sie angewendet von S. GRADSTEIN: Ebenda Bd. 3 (1932) S. 206. Berechnungen der Schwingungszahlen von Wellen mit stückweise konstantem Querschnitt finden sich auch bei CH. PLATRIER [J. École Polytechn. (2) Bd. 25 (1925) S. 93] und bei O. SESINI [Torino Atti Bd. 55 (1919) S. 365].

nötig sind, lassen sich dann leicht angeben als Funktion der Endver-
drehungen. Schreibt man für eine Übergangsstelle k die Gleichgewichts-
bedingungen an, dann erhält man eine in den Enddrehwinkeln y_{k-1},
y_k und y_{k+1} lineare Gleichung (Dreidrehwinkelgleichung), die für den
Fall, daß an der Übergangsstelle k noch ein periodisches erregendes
Moment M_k und ein Einzelträgheitsmoment Q_k angreifen, die Form hat

$$-y_{k-1}\, p_k \sqrt{\lambda}\, \operatorname{cosec} \sqrt{\lambda}\, l_k + y_k \left(p_k \sqrt{\lambda}\, \operatorname{cotg} \sqrt{\lambda}\, l_k + p_{k+1} \sqrt{\lambda}\, \operatorname{cotg} \sqrt{\lambda}\, l_{k+1} - Q_k \lambda \right)$$

$$- y_{k+1}\, p_{k+1} \sqrt{\lambda}\, \operatorname{cosec} \sqrt{\lambda}\, l_{k+1} = M_k .$$

Für $M_k = 0$ erhält man ein System von homogenen linearen Gleichungen,
und das Verschwinden der Koeffizientendeterminante liefert eine trans-
zendente Gleichung, deren Wurzeln die Eigenwerte des Ersatzsystems sind.

Die Eigenwerte des wirklichen Systems erhält man durch Einsetzen
der Eigenfunktionen des Ersatzsystems in Formeln wie (28) oder (29).
Um zu zeigen, wie wenig benachbart das Ersatzsystem zu sein braucht,
soll das in i) behandelte Beispiel mit Hilfe eines Ersatzstabes berechnet
werden, welcher konstanten Querschnitt hat. Man erhält unter Verwendung von (28)

$$\lambda_n = \left(\frac{2n+1}{2}\, \pi \right)^2 \frac{\displaystyle\int_0^1 (1 - \beta x)^4 \cos^2 \frac{2n+1}{2}\, \pi x \, dx}{\displaystyle\int_0^1 (1 - \beta x)^4 \sin^2 \frac{2n+1}{2}\, \pi x \, dx} .$$

Mit $\beta = 0{,}5$ (das ist ein konischer Stab, der am Ende den halben Durchmesser hat wie am Anfang) ergibt diese Beziehung für die vier ersten
Eigenwerte

$$\sqrt{\lambda_0} = 1{,}665\, \frac{\pi}{2} \left(1{,}607\, \frac{\pi}{2} \right), \qquad \sqrt{\lambda_1} = 1{,}068\, \frac{3\pi}{2} \left(1{,}102\, \frac{3\pi}{2} \right),$$

$$\sqrt{\lambda_2} = 1{,}025\, \frac{5x}{2} \left(1{,}040\, \frac{3\pi}{2} \right), \qquad \sqrt{\lambda_3} = 1{,}015\, \frac{7\pi}{2} \left(1{,}019\, \frac{7\pi}{2} \right).$$

In Klammern sind die genauen Werte aus i) angegeben. Eine weitere
Verbesserung bringt die Anwendung des Rɪtzschen Verfahrens mit zwei
Gliedern. Man setzt

$$y = c_1 \sin \frac{\pi}{2}\, x + c_2 \sin \frac{3\pi}{2}\, x$$

und bestimmt das Minimum von

$$A = \int_0^1 (1 - \beta x)^4\, y'^2 \, dx - \lambda \int_0^1 (1 - \beta x)^4\, y^2 \, dx .$$

Es ergeben sich zwei lineare homogene Gleichungen für c_1 und c_2, und
das Verschwinden der Koeffizientendeterminante liefert

$$\sqrt{\lambda_0} = 1{,}602\, \frac{\pi}{2}, \qquad \sqrt{\lambda_1} = 1{,}090\, \frac{3\pi}{2} .$$

Es wurde schon in **12** bemerkt, daß es zweckmäßig ist, das Ersatzsystem mit gleicher asymptotischer Eigenwertverteilung zu wählen wie das wirkliche System. Der asymptotische Ausdruck für die Eigenwerte heißt[1]

$$\lim_{n \to \infty} \frac{n}{\sqrt{\lambda_n}} = \frac{1}{\pi} \int_0^l \sqrt{\frac{q}{p}}\, dx \,,$$

und er ist unabhängig von den Randbedingungen und unabhängig von etwaigen Einzelträgheitsmomenten. Hat der Stab ähnlich veränderliche Querschnitte, dann gilt $q/p = $ konst. über die Stablänge, und die asymptotischen Eigenwerte sind unabhängig von der Stabform. Dies geht auch aus den obigen Zahlen für den konischen Stab hervor. Schon die dritte Eigenfrequenz unterscheidet sich von der des zylindrischen Stabes nur um 4%.

1) Schätzung der Knotenpunkte für die Berechnung der Obertöne. Hält man den Stab in einigen Punkten gegen Verdrehung fest, dann zerfällt das System in eine Anzahl von Einzelsystemen, die unabhängig voneinander schwingen, da an den festgehaltenen Stellen keine Momente von dem einen Stabschnitt auf den nächsten übertragen werden können. Der an $n - 1$ Punkten gehaltene Stab hat nicht eine einzige Grundschwingungszahl, sondern die Einzelabschnitte schwingen im allgemeinen mit verschiedenen Schwingungszahlen, die nur dann einander gleich sind, wenn die festgehaltenen Punkte gerade mit den Knoten einer Oberschwingung zusammenfallen. Diese Tatsache ist in einer Reihe von Verfahren zur Bestimmung der Drehschwingungen von Wellen verwendet worden[2]. Benutzt man den in **12** formulierten Satz, wonach bei der Bestimmung der Oberschwingungen die Knotenpunkte so zu legen sind, daß der Grundton des gebundenen Systems am höchsten wird, dann ist zu beachten, daß als Grundton des gebundenen Systems der niedrigste der Grundtöne für die einzelnen Stababschnitte zu nehmen ist. Es folgt das aus der Bemerkung, daß der kleinste Wert, welchen die Form $\Sigma U_i / \Sigma T_i$ annehmen kann, $(U_k/T_k)_{\min}$ beträgt. Die U_i und T_i bedeuten hierbei die potentielle und kinetische Energie der Stababschnitte, k bezeichnet denjenigen Abschnitt, für den $(U_i/T_i)_{\min}$ den Kleinstwert annimmt. Verschiebt man z. B. den Knotenpunkt der ersten Oberschwingung eines Stabes mit festen Endpunkten nach irgendeiner Seite, dann verlängert sich einer der beiden Stababschnitte, der Grundton des gebundenen Systems ist gleich demjenigen des längeren

---

[1] Courant-Hilbert: Methoden der mathematischen Physik Bd. 1 S. 361. Die asymptotischen Beziehungen der Eigenwerte auch für mehrdimensionale Bereiche wurden untersucht von H. Weyl: Math. Ann. Bd. 71 (1912) S. 441.

[2] Z.B.: O. Föppl: Z. angew. Math. Mech. Bd. 1 (1921) S. 367. — Grammel, R.: Ing.-Arch. Bd. 2 (1931) S. 228. — Wydler, H.: Drehschwingungen in Kolbenmaschinenanlagen.

Stababschnittes, und man erkennt anschaulich, daß dieser Ton für die richtige Knotenlage am höchsten wird. Der Satz, daß die $n$te Oberschwingung gerade n Knoten besitzt, ist für den Fall der Differentialgleichung der Torsionsschwingung leicht zu beweisen[1], und er bietet die Gewähr dafür, daß die Methode der Bindungen immer zum Ziel führt.

Es sei noch auf den Zusammenhang mit dem ersten der in d) angewendeten Iterationsverfahren hingewiesen. Man kann genau wie an jener Stelle, um den Knoten zunächst einmal angenähert zu ermitteln, die Beziehung

$$\int y_0 \varphi_1 \, dx = 0 \quad \text{mit} \quad y_0 = \pm 1$$

verwenden, dann ist im weiteren Verlauf der Rechnung aber nicht wie in d) das Iterationsverfahren mit der Ausgangsfunktion y_0 auf das *ursprüngliche*, sondern auf das *gebundene* System anzuwenden. Man erhält dann in den Schwingungszahlen der beiden Abschnitte eine obere und eine untere Grenze für den gewünschten Eigenton. Die Methode der Bindungen dürfte dem in d) angewendeten Verfahren im allgemeinen vorzuziehen sein.

17. Transversalschwingungen von Stäben.

Die Differentialgleichung für die Transversalschwingungen eines Stabes heißt unter Vernachlässigung der Rotationsträgheit der Stabmassen und unter Vernachlässigung der Schubdeformation

$$(47) \qquad (p\,y'')'' - \lambda q\,y = 0 \,,$$

p ist wieder die Steifigkeit des Stabes (das ist das Produkt aus dem Elastizitätsmodul und dem axialen Trägheitsmoment des Stabquerschnittes), q ist die Masse je Längeneinheit des Stabes, $\sqrt{\lambda}$ die Kreisfrequenz der Schwingung. Die Behandlung dieser Differentialgleichung kann auf ganz analoge Weise erfolgen wie diejenige der Differentialgleichung (43). Es soll nur auf diejenigen Verfahren näher eingegangen werden, bei denen gegenüber (43) neue Gesichtspunkte auftreten.

a) Verwendung der Einflußfunktion. Für den einseitig eingespannten, am anderen Ende freien Stab ist die Methode der Entwicklung des Kerns nach Polynomen angewendet und die Rechnung durch Angabe von Zahlentafeln so weit vorbereitet worden, daß sich Näherungen für die ersten drei Eigenfrequenzen eines solchen Stabes leicht bestimmen lassen, wenn der Verlauf des Trägheitsmomentes und des Querschnitts über die Stablänge durch

$$\frac{J_0}{J} = 1 + ax + bx^2\,, \qquad \frac{F_0}{F} = 1 + cx + dx^2$$

gegeben ist[2]. J_0 und F_0 sind das Trägheitsmoment und die Querschnittsfläche an der Stabwurzel.

---

[1] Courant-Hilbert: Meth. mathem. Physik Bd. 1 S. 366.

[2] Schwerin, E.: Z. techn. Physik Bd. 8 (1927) S. 264 — Verh. 2. intern. Kongreß techn. Mech., S. 138. Zürich 1926.

Bei dem Ersatz der Integralgleichung durch ein lineares Gleichungssystem, wie er von W. Borowicz vorgeschlagen wurde[1], wird an Stelle der Einflußfunktion infolge von Einzellasten eine Einflußfunktion infolge gewisser Lastgruppen verwendet. Zur Berechnung der ersten Oberschwingung eines Stabes nach Fig. 5 wird die Schwingungsform $y(x)$ zunächst geschätzt. Dann läßt man zwischen A und B eine Lastgruppe $\bar{y}q$ angreifen, wobei $\bar{y} = yc_1$ gilt und c_1 so bestimmt wird, daß $\bar{y}_1 = 1$. Die Durchbiegungen in den Punkten 1 und 2 infolge dieser Lastgruppe seien β_{11} und β_{12}. Ebenso läßt man zwischen B und C eine Lastgruppe $\bar{\bar{y}}q$ angreifen, wobei $\bar{\bar{y}} = yc_2$ ist und c_2 so bestimmt wird, daß $\bar{\bar{y}}_2 = 1$, die Durchbiegungen in den Punkten 1 und 2 infolge dieser Lastgruppe seien β_{21} und β_{22}. Falls für y die richtige Schwingungsform der zweiten Eigenschwingung eingesetzt wird, gilt

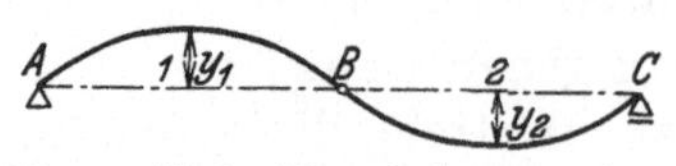

Fig. 5. Erste Oberschwingung eines zweifach gestützten Stabes.

$$y_1 = \lambda_2(\beta_{11}y_1 + \beta_{12}y_2),$$

$$y_2 = \lambda_2(\beta_{21}y_1 + \beta_{22}y_2),$$

und der zweite Eigenwert λ_2 läßt sich aus
$$\begin{vmatrix} \beta_{11} - \dfrac{1}{\lambda_2} & \beta_{12} \\[2mm] \beta_{21} & \beta_{22} - \dfrac{1}{\lambda_2} \end{vmatrix} = 0$$
berechnen. Die zweite Wurzel dieser Gleichung liefert dann eine Näherung für den Grundton. Je besser y mit der zweiten Eigenschwingungsform übereinstimmt, desto besser wird die aus dem Gleichungssystem gewonnene Näherung λ_2 für den zweiten Eigenwert. Während bei dem früher besprochenen Ersatz der Integralgleichung durch ein lineares Gleichungssystem die höheren Eigentöne mit wachsendem Fehler herauskommen, wird bei der obigen Methode das Gleichungssystem gerade so gewählt, daß der höchste damit berechnete Oberton möglichst gut angenähert wird.

b) Das Iterationsverfahren für den Grundton. Die in der technischen Praxis verwendeten und oft recht unbefriedigend begründeten Näherungsformeln und Verfahren für den Grundton lassen sich als Anwendungen des Iterationsverfahrens auffassen. Sehr viel verwendet wird das Verfahren in der Form, daß man die „statischen" Durchbiegungen des Stabes bzw. des Stabwerkes unter dem Eigengewicht ermittelt und die Schwingungszahl je Minute aus der leicht einprägbaren Formel

$$(48) \qquad\qquad v = \frac{300}{\sqrt{\gamma_{\max}}}$$

[1] Borowicz, W.: Diss. München 1915. — Vgl. auch R. Grammel: Ergebn. exakt. Naturwiss. Bd. 1 (Berlin 1922) S. 92. — Zerkowitz, G.: Z. angew. Math. Mech. Bd. 9 (1929) S. 487.

bestimmt[1]. Es entspricht das der Anwendung des Iterationsverfahrens mit der Ausgangsfunktion $y_0 = 1$ und der Bildung des Quotienten

$$\lambda = \frac{y_0(x)}{y_1(x)}$$

an derjenigen Stelle x, für welche die Durchbiegung y_1 am größten ist. Man erhält auf diese Weise immer eine *untere* Grenze für den Eigenwert, denn für eine Funktion y_0, welche der wirklichen Schwingungsform entspricht, liefert $y_{0\,max}/y_{1\,max}$ den wahren Eigenwert, für $y_0 = 1$ wird aber die Last, welche zu der Durchbiegung y_1 gehört, an allen Stellen vergrößert (vgl. Fig. 6a), so daß der Quotient $y_{0\,max}/y_{1\,max}$ notwendig

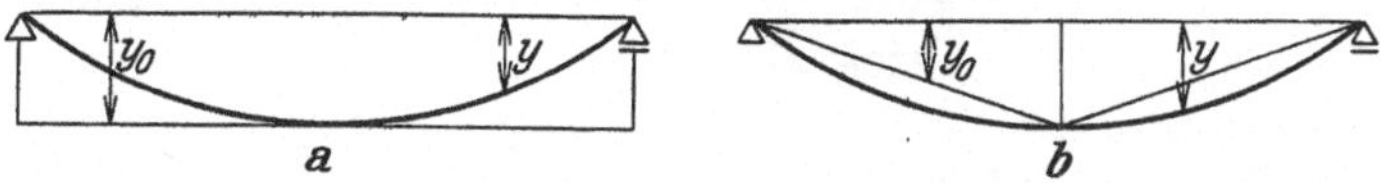

Fig. 6. Ersatz der Schwingungsform eines Stabes durch a) ein Rechteck, b) durch zwei Dreiecke.

kleiner wird. Dies gilt jedoch nur für die spezielle Ausgangsfunktion $y_0 = 1$, während z. B. für die aus zwei Geraden gebildete Funktion y_0 in Fig. 6b der Quotient $y_{0\,max}/y_{1\,max}$ eine obere Grenze für den Eigenwert liefert. Bezeichnet man mit I bis IV die Fälle nach Fig. 7, dann sind die nach (48) für den Stab mit konstantem Querschnitt berechneten Eigenschwingungszahlen mit

I	II	III	IV
1,25	1,13	1,16	1,13

zu multiplizieren, um die wirklichen Schwingungszahlen zu erhalten. Man wird also etwa mit

$$\nu = \frac{345}{\sqrt{y_{max}}}$$

die Schwingungszahlen aller nach I bis III gelagerten Stäbe auch mit veränderlichen Querschnitten praktisch genügend genau erfassen[2]. Das Verfahren ist auch für kompliziertere Stabwerke verwendbar, etwa für einen Rahmen nach Fig. 8. In diesem Fall darf nicht nur die

---

[1] Diese Beziehung wurde wohl zuerst von K. BAUMANN [J. Inst. Electr. Engs. Bd. 48 (1911) S. 768] verwendet. I. GEIGER [Z. Ver. Deutsch. Ing. Bd. 67 (1923) S. 287] benutzt die Formel auch zur Berechnung der Schwingungszahlen von Fundamentrahmen (vgl. Fig. 8).

[2] Sehr viel genauere Werte ergeben sich, wenn man für y_0 eine Approximation benutzt, welche den Randbedingungen genügt. C. A. B. GARRET [Philos. Mag. (6) Bd. 8 (1904) S. 581] verwendet zur Berechnung der Grundschwingungszahl eines einseitig eingespannten, am anderen Ende freien Stabes für y_0 die Durchbiegung unter einer Einzellast und findet, daß $y_{0\,max}/y_{1\,max}$ den kleinsten Eigenwert des Stabes dann am besten wiedergibt, wenn die Einzellast in einem Punkt angreift, der vom freien Ende den Abstand von $^1/_5$ der Stablänge hat.

Durchbiegung unter dem Eigengewicht genommen werden, sondern man hat auch die Wirkung von an den Stielen angreifenden Lasten $q y_0$ zu berücksichtigen. Auf das Vorzeichen von y_0 ist zu achten, das jedoch für eine bestimmte Schwingungsform (etwa die der symmetrischen Schwingung, vergleiche Fig. 8) leicht angegeben werden kann.

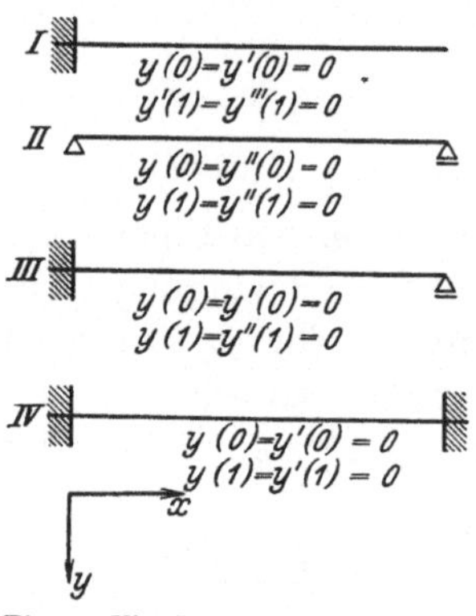

Fig. 7. Vier Lagerungsarten eines Stabes.

Es sei hier auf zwei Formeln zur numerischen Zweifachintegration hingewiesen, die bei der Integration der Differentialgleichung

$$(p\,y'')'' = f(x)$$

gute Dienste leisten[1]. Es soll das Zweifachintegral

$$J(x) = \int_0^x dx \int_0^x dx\, u$$

gebildet werden mit gegebenen Anfangswerten $J(0)$ und $J'(0)$. Teilt man den Integrationsbereich in Intervalle von der Länge h, dann läßt sich die Integration numerisch mit Hilfe der Formeln

$$\bar{J}_2 \;\;\; = \bar{J}_0 + 2\bar{J}_0' h + \tfrac{1}{2} u_0 + u_1\,,$$
$$\bar{J}_4 \;\;\; = 2\bar{J}_2 - \bar{J}_0 + u_1 + u_2 + u_3\,,$$
$$\vdots$$
$$\bar{J}_{n+2} = 2\bar{J}_n - \bar{J}_{n-2} + u_{n-1} + u_n + u_{n+1}$$
$$\bar{J}_k = J_k \frac{3}{4 h^2}\,.$$

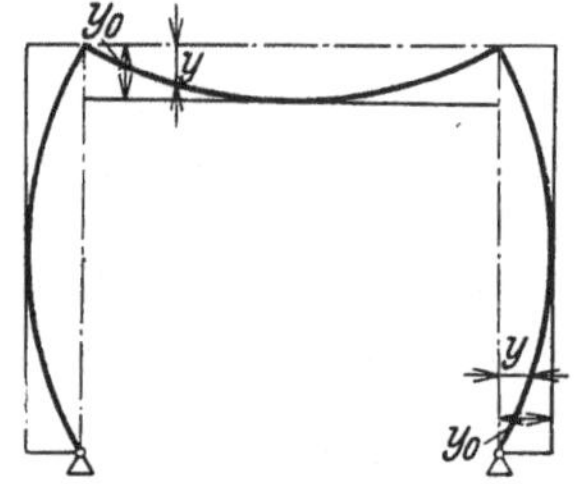

Fig. 8. Symmetrische Schwingungsform eines Rahmens.

ausführen, hierin ist

Die Formel gilt exakt, wenn die Ausgangsfunktion u eine Gerade oder eine Parabel ist. Der Bau der Gleichungen ist bemerkenswert einfach, die Ordinaten haben alle das gleiche Gewicht 1, was die Anwendung der Integrationsformeln bei Benutzung einer Rechenmaschine außerordentlich bequem macht. Die obigen Gleichungen liefern die Integralwerte nur in jedem zweiten Punkt. Da bei der Integration der Stabdifferentialgleichung zweimal hintereinander eine Zweifachintegration ausgeführt werden muß, erhält man die Durchbiegungen nur in jedem vierten Punkt der Intervallteilung. Diesen Nachteil vermeiden die folgenden Formeln:

$$\bar{J}_1 \;\;\; = \bar{J}_0 + \bar{J}_0' h + 3{,}5\,u_0 + 3\,u_1 - 0{,}5\,u_2\,,$$
$$\bar{J}_2 \;\;\; = 2\bar{J}_1 - \bar{J}_0 + u_0 + 10\,u_1 + u_2\,,$$
$$\vdots$$
$$\bar{J}_{n+1} = 2\bar{J}_n - \bar{J}_{n-1} + u_{n-1} + 10\,u_n + u_{n+1}\,,$$

[1] Die Formeln, die ich Herrn W. Prager verdanke, scheinen in der Literatur nicht bekannt zu sein.

hierin ist

$$\ddot{J}_k = J_k \frac{12}{h^2}.$$

Auch diese Gleichungen gelten genau, wenn die Ausgangsfunktion u vom ersten oder zweiten Grade ist. Sie sind ebenfalls sehr bequem mit der Rechenmaschine auszuwerten.

c) Mittelwertbildung. Die Mittelwertbildung

$$(49) \qquad \lambda = \frac{\int\limits_0^l y_0 y_1 q \, dx}{\int\limits_0^l y_1^2 q \, dx}$$

mit der Funktion $y_0 = \pm 1$ gibt im Gegensatz zu (48) eine obere Grenze für den kleinsten Eigenwert. Die nach (49) berechneten Schwingungszahlen sind bei konstantem Stabquerschnitt für die vier Fälle I bis IV der Fig. 7 mit

I	II	III	IV
0,996	0,999	0,999	0,999

zu multiplizieren, um die exakten Werte zu erhalten, die Näherung (49) ist also schon außerordentlich gut[1].

d) Iterationsverfahren für die höheren Eigenwerte. Die Anwendung der Methoden erfolgt völlig analog zu (16d).

---

[1] Die Beziehung (49) wurde zum erstenmal von A. MORLEY [Engg. Bd. 88 (1909) S. 135, 205] verwendet und aus dem RAYLEIGHschen Minimumprinzip abgeleitet. In der deutschen Maschinenbauliteratur ist sie für $y_0 = 1$ unter der Bezeichnung KULLsche Formel [KULL, G.: Z. Ver. Deutsch. Ing. Bd. 62 (1928) S. 249], im Bauingenieurwesen unter der Bezeichnung KAYSERsche Formel bekannt [KAYSER, H.: Ebenda Bd. 73 (1929) S. 1305. — Siehe auch H. KAYSER u. A. TROCHE: Beton und Eisen Bd. 29 (1930) S. 15. — TROCHE, A.: Ebenda Bd. 29 (1930) S. 119]. Die Formel (49) wurde weiter verwendet und auf ihre Genauigkeit hin untersucht von J. J. KOCH: Verh. 2. intern. Kongr. techn. Mech., S. 213. Zürich 1926 — Eenige Toepassingen von de Leer der Eigenfuncties op vragstukken uit de toegepasste Mechanica. Proefschrift. Delft 1929. — HOHENEMSER, K.: Ing.-Arch. Bd. 1 (1930) S. 271. (49) ist ebenfalls für mehrfach gelagerte Stäbe zu benutzen und liefert auch dort sehr gute Näherungen für den Grundton, wenn das Vorzeichen von y_0 entsprechend der Schwingungsform in aufeinanderfolgenden Feldern abgewechselt wird, so daß der Integrand immer positiv ist. Vgl. A. MORLEY: Engg. Bd. 106 (1918) S. 573, 601. O. FÖPPL [Z. angew. Math. Mech. Bd. 7 (1927) S. 72] leitet die Beziehung (49) aus einer Impulsbetrachtung ab und kommt zu dem Ergebnis, daß in aufeinanderfolgenden Feldern die Teilintegrale in (49) mit verschiedenem Vorzeichen eingesetzt werden müssen, wodurch auch der Fall von kleinen Differenzen großer Zahlen eintreten kann. Um auch dann noch brauchbare Näherungen für die Eigenfrequenz zu erhalten, schlägt O. FÖPPL an Stelle von (49) eine andere Beziehung vor, deren Anwendung sich jedoch erübrigt, wenn man (49) als Quotient aus maximaler potentieller und maximaler kinetischer Energie der Schwingungsform y_1 deutet und entsprechend alle Teilintegrale in den einzelnen Feldern des durchlaufenden Balkens positiv einsetzt.

e) Anwendung der Extremalprinzipien. (28) und (29) heißen jetzt

$$(50) \qquad \lambda = \frac{\int p\, y''^2\, dx}{\int q\, y^2\, dx},$$

$$(51) \qquad \lambda = \frac{\int \dfrac{\mathfrak{M}''^2}{q}\, dx}{\int \dfrac{\mathfrak{M}^2}{p}\, dx}.$$

Hierin bedeutet $\mathfrak{M}$ das Biegemoment, $-\mathfrak{M}''$ ist die auf den Stab wirkende äußere Last je Längeneinheit. Nach Annahme einer geschätzten Schwingungsform y_0 ist $\mathfrak{M}'' = -q y_0$ zu setzen, $\mathfrak{M}$ erhält man hieraus durch zweimalige Integration. Für den bei $x = 0$ eingespannten bei $x = 1$ freien Stab erhält man, wenn $p = q = 1$ gesetzt wird, mit $y_0 = x^2$ aus (50) die Näherung $\lambda_1 = 20$, aus (51) die Näherung $\lambda_1 = 12,\!46$ (gegen $12,\!36$ als exakten Wert). Zur Auswertung von (51) sind nur zwei Integrationen notwendig, dagegen sind bei Ausführung eines Iterationsschrittes deren vier erforderlich. (51) ermöglicht es, mit der halben Arbeit eines Iterationsschrittes die Näherung (50) für eine geschätzte Schwingungsform wesentlich zu verbessern. Die Ausführung des ganzen Iterationsschrittes und das Einsetzen von y_1 in (50) liefert den exakten Wert in allen angeschriebenen Stellen genau. Man sieht, daß auch hier die Schätzung der Schwingungslinie nur grob zu sein braucht (im obenerwähnten Fall erfüllt die Parabel nicht einmal alle Randbedingungen), um trotzdem vermittels (51) gute Näherungen zu geben. Im übrigen gilt auch für die Transversalschwingungen von Stäben die gleiche Reziprozität zwischen Masse und Steifigkeit, wie sie in **16e** für die Drehschwingungen formuliert wurde[1].

f) Graphische Lösung der Differentialgleichung mit probeweise angenommenen Eigenwerten. Die graphische Integration der Differentialgleichung

$$(p\, y'')'' = f(x)$$

<hr>

[1] HOHENEMSER, K., u. W. PRAGER: Ing.-Arch. Bd. 3 (1932) S. 306. Dort ist auch die Beziehung (51) wohl zum erstenmal im selben Sinne wie das RAYLEIGHsche Prinzip angewendet worden. Als Kontrolle für das Iterationsverfahren wurde (51) von V. BLAESS [Z. Ver. Deutsch. Ing. Bd. 58 (1914) S. 183] benutzt. An Arbeiten, welche das RAYLEIGH-RITZsche Verfahren unter Zugrundelegung der Extremalform (50) anwenden, seien genannt: AKIMOFF, N. W.: Trans. Soc. Naval Arch. New York Bd. 26 (1918) S. 11 für Schiffschwingungen. — DEN HARTOG, J. P.: Philos. Mag. (7) Bd. 5 (1928) S. 400 für die Transversalschwingungen eines kreisbogenförmigen Stabes. — KARAS, K.: Ing.-Arch. Bd. 1 (1930) S. 84. 158 für die kritischen Drehzahlen mit Längsbelastung und Kreiselwirkung. — KENLYAN, G.H.: Bur. of Stand. J. of Res. Bd. 6 (1931) S. 553 Rep. 293 auf Schwingungen von U-Trägern. — LIEBERS, F.: Z. techn. Phys. Bd. 9 (1929) S. 361 für Propellerschwingungen. — MELAN, H.: Z. öst. Ing. Arch. Verein Bd. 69 (1917) S. 610, 619 für kritische Drehzahlen mit Längslast der Welle. — PÖSCHL, TH.: Ing.-Arch. Bd. 1 (1930) S. 469 für Schwingungen von Rahmen. — SÖRENSEN, E.: Werft, Reederei und Hafen Bd. 9 (1928) S. 67 für Schwingungen von Dampfturbinenschaufeln.

ist leicht durchzuführen[1], indem das in **16f** beschriebene Verfahren zweimal hintereinander angewendet wird zur Bestimmung des Zwischenintegrals

$$g(x) = \int dx \int dx \, f(x)$$

und des Integrals

$$y = \int dx \int dx \, \frac{g(x)}{p(x)}.$$

In der Schwingungsdifferentialgleichung steht an Stelle von $f(x)$ die Größe $\lambda q(x) y$, in der y noch unbekannt ist. Wenn jedoch die Anfangswerte

$$y(0), \quad y'(0), \quad y''(0) \quad \text{und} \quad y'''(0)$$

gegeben sind, dann läßt sich die Lösung nach Annahme von λ gewinnen, indem genau wie in **16f** zunächst einmal

$$y_1 = y(0) + \frac{\Delta x_1}{2} y'(0) + \frac{\Delta x_1^2}{4} \frac{y''(0)}{2!} + \frac{\Delta x_1^3}{8} \frac{y'''(0)}{3!}$$

und daraus wieder durch zweimalige sukzessive Durchführung der in Fig. 3 skizzierten Konstruktion y_2 gewonnen wird. Zwei der vier benötigten Anfangswerte sind immer gegeben (vgl. die in Fig. 7 angegebenen üblichen Randbedingungen), einer der vier Anfangswerte kann willkürlich gewählt werden, da die Lösung eine willkürliche Konstante enthält. Es bleibt dann noch eine einzige Randbedingung anzunehmen, diese Annahme ist zusammen mit derjenigen über λ solange zu variieren, bis am anderen Ende die beiden Randbedingungen erfüllt sind. Die Methode ist wiederum besonders geeignet zur Bestimmung der Schwingungsform einer durch periodische Kräfte erzwungenen Schwingung, da dann λ eine gegebene Größe ist.

g) Die Methode der Differenzengleichungen. Die Differenzengleichungen, durch welche die Differentialgleichung (47) zu ersetzen ist, werden fünfgliedrig. Für den Grundton erhält man mit wenigen Gleichungen eine brauchbare Näherung[2].

h) Sukzessive Approximation. Die Methode ist wieder nur für den Grundton zu verwenden, da die Entwicklung nach Potenzen von λ nur für kleine λ praktisch genügend rasch konvergiert. Für einen Stab mit Einzelmassen liefert die Methode, wenn man in der Reihe

$$y = y_0 + \lambda y_1 + \lambda^2 y_2 + \cdots$$

---

[1] GÜMBEL, L.: Jb. schiffbautechn. Ges. Bd. 2 (1901) S. 209. — SOUTHWELL, R. V.: Philos. Mag. (6) Bd. 41 (1921) S. 419.

[2] Die von E. OEHLER [Techn. Mech., Beiheft zur Z. Ver. Deutsch. Ing. Bd. 69 (1925)] ausgeführte Rechnung entspricht der Anwendung von Differenzengleichungen.

nur die ersten beiden Glieder berücksichtigt, die von DUNKERLEY[1] empirisch gefundene Formel

$$(52) \qquad \frac{1}{\lambda} = \frac{1}{\lambda_1^{(0)}} + \sum_{i=1}^{n} \frac{1}{\lambda^{(i)}},$$

worin $\lambda_1^{(0)}$ der erste Eigenwert des Stabes ohne Einzelmassen und $\lambda^{(i)}$ der Eigenwert des masselosen mit der $i$ten Einzelmasse behafteten Stabes ist[2].

i) Störungsrechnung. Die Zurückführung auf eine Grundgleichung mit bekannten und benachbarten Lösungen ist für beliebige p und q nicht mehr ohne weiteres durchführbar. Es gelingt, dies jedoch in Sonderfällen, von denen einer gegeben ist, durch[3]

$$p = p_0(1 - \alpha x), \qquad q = q_0(1 - \alpha x),$$

das ist ein rechteckiger Stab mit konstanter Höhe und linear abnehmender Breite, p_0 und q_0 sind die Steifigkeit und Masse je Längeneinheit für den Bezugsquerschnitt bei $x = 0$. Die Differentialgleichung (47) nimmt hierfür den Wert an

$$y^{IV} - \lambda \frac{q_0}{p_0} y - \frac{2\alpha}{1 - \alpha x} y''' = 0.$$

Man kann jetzt ausgehen von dem bekannten Grundproblem für $\alpha = 0$, die Eigenfunktionen und Eigenwerte werden wieder nach wachsenden Potenzen von α entwickelt, und man erhält Rekursionsformeln für die Eigenwertänderungen. Aus Differentialgleichungen von der Form

$$v_i^{IV} - \lambda_0 v_i = f_i(x)$$

können die Funktionen v_i berechnet werden, nach denen die Lösung y entwickelt wird, ganz analog wie in **11.**

k) Benachbarte Systeme. Die Konzentration der Massen in einzelnen Punkten, die gelegentlich verwendet wurde, ist inhaltlich identisch mit der Methode der Differenzengleichungen. Die Berechnung eines Ersatzsystemes mit stückweise konstantem Querschnitt ist sehr viel schwieriger als bei den Drehschwingungen[4]. Für den Stab auf mehreren Stützen, der in jedem Feld konstanten Querschnitt hat, ist die Berechnung der Schwingungszahlen von DARNLEY durch Angabe von Zahlentafeln für gewisse in der Frequenzgleichung vorkommende

---

[1] DUNKERLEY, S.: Philos. Trans. Roy. Soc. London A Bd. 185 (1894) S. 279.

[2] R. C. J. HOWLAND [Philos. Mag. (6) Bd. 49 (1925) S. 1131] berechnet auch Korrekturen zu der DUNKERLEYschen Formel (52), welche er dadurch erhält, daß in der Reihe für y die ersten *drei* Glieder berücksichtigt werden.

[3] MEYER ZUR CAPELLEN, W.: Ann. Physik (5) Bd. 8 (1931) S. 297.

[4] Vgl. die Rechnungen von H. H. JEFFCOTT [Philos. Mag. (6) Bd. 42 (1921) S. 635], die bereits sehr langwierig sind, obwohl nur wenige punktförmige Massen vorausgesetzt werden.

Funktionen vorbereitet worden[1]. Hier soll ein von W. PRAGER[2] ausgearbeitetes Verfahren angegeben werden, das eine verhältnismäßig einfache Berechnung der Schwingungen, insbesondere der erzwungenen, von Stäben mit abschnittsweise konstantem Querschnitt gestattet. Es möge sich zunächst um die von einer periodischen Einzellast oder von einem Einzelmoment erzwungenen Schwingungen handeln, die mit einer gegebenen Kreisfrequenz $\sqrt{\lambda}$ erfolgen. Es gilt dann in dem $i$ten Abschnitt die Differentialgleichung

$$y^{\mathrm{IV}} - \frac{m_i^4}{l_i^4} \cdot y = 0,$$

worin
$$m^4 = \lambda \, \frac{q_i}{p_i} \, l_i^4$$

gesetzt ist. Die allgemeine Lösung läßt sich linear aus einem Fundamentalsystem in jedem Abschnitt aufbauen, welches vier linear voneinander unabhängige Lösungen enthält. Meist verwendet man als Fundamentalsystem die Funktionen

$$v_i^{(1)}(x) = \mathfrak{Cof} \, \frac{m_i}{l_i} \, x, \qquad v_i^{(2)}(x) = \mathfrak{Sin} \, \frac{m_i}{l_i} \, x,$$

$$v_i^{(3)}(x) = \cos \frac{m_i}{l_i} \, x, \qquad v_i^{(4)}(x) = \sin \frac{m_i}{l_i} \, x,$$

und die allgemeine Lösung heißt dann

$$y_i(x) = \sum_{k=1}^{4} C_i^{(k)} \, v_i^{(k)}(x).$$

An denjenigen Stellen, an denen Einzellasten oder Einzelmassen angreifen oder an denen der Querschnitt springt, gelten gewisse Über-

---

[1] E. DARNLEY [Philos. Mag. (6) Bd. 41 (1921) S. 81] beweist für den Sonderfall eines homogenen Stabes, der auf n Stützen gelagert ist, den Satz, daß die Grundschwingungszahl einen Extremwert annimmt, wenn die Stützen äquidistanten Abstand voneinander haben. Es ist das eine Spezialisierung des in **11** behandelten Satzes, wonach die Grundschwingungszahl eines in n Punkten gebundenen Systems am höchsten wird, wenn die festgehaltenen Punkte mit den Knoten der $n$ten Oberschwingung zusammenfallen. Über Transversalschwingungen durchlaufender Träger siehe auch: COWLEY, W. L., u. H. LEVY: Proc. Roy. Soc. London A Bd. 95 (1918) S. 405. — KAUFMANN, W.: Z. angew. Math. Mech. Bd. 2 (1922) S. 34. — KÜSSNER, H. G.: Luftfahrtforschg. Bd. 4 (1929) S. 63. Auch KÜSSNER untersucht ähnlich wie DARNLEY den Einfluß von Verschiebungen der Zwischenstützen. — PRAGER, W.: Ing.-Arch. Bd. 3 (1932) S. 298 Nomogramm für die Schwingungszahlen eines Trägers auf 4 Stützen. — SMITH, D. M.: Engg. Bd. 120 (1925) S. 808 Nomogramm für die DARNLEYsche Rechnung. — SHOGENJI: Mem. Coll. Engg. Kyushu Bd. 3 (1924) Nr. 3 Stäbe mit Axialkraft, RAYLEIGHsches Verfahren.

[2] PRAGER, W.: Ing.-Arch. Bd. 1 (1930) S. 527. — PRAGER, W., u. S. GRADSTEIN: Ebenda Bd. 2 (1931) S. 622. Es sei bemerkt, daß in der zuletzt genannten Arbeit die Formel (13) S. 628, soweit sie sich auf die Berücksichtigung der Längskraft bezieht, unrichtig ist, eine Richtigstellung wird demnächst im Ing.-Arch. Bd. 3 (1932) veröffentlicht werden.

gangsbedingungen, die zusammen mit den Randbedingungen gerade
ausreichen, um alle Integrationskonstanten $C_i^{(k)}$ zu berechnen. Man
erhält auf diese Art ein kompliziert gebautes lineares Gleichungssystem
mit einer großen Anzahl von Unbekannten. Nehmen wir als Beispiel
einen Stab auf n Stützen, der durch ein periodisches Endmoment

$$M_1 \cos \sqrt{\lambda}\, t$$

erregt wird. Die Argumentwerte x mögen an jeder Stütze von neuem
mit 0 beginnen, y_i^r und y_i^l seien die Funktionswerte unmittelbar links
oder rechts neben der Stütze. Die Randbedingungen

$$y_1^r = y_n^l = y_n^{l\,\prime\prime} = 0\,, \qquad p_1 y_1^{r\,\prime\prime} = M_1$$

und die Stützenbedingungen

$$y_i^r = 0\,, \qquad\qquad i = 2, 3, \ldots n-1\,,$$

reduzieren die $4(n-1)$ Unbekannten zunächst auf

$$4(n-1) - (n+2) = 3(n-2)\,.$$

Für diese $3(n-2)$ Unbekannten ergeben die Übergangsbedingungen
ein System von $n-2$ dreigliedrigen (nämlich für die Übergangsbedingungen

$$y_i^l = 0\,, \qquad\qquad i = 2, 3, \ldots n-1)$$

und $2(n-2)$ sechsgliedrigen linearen Gleichungen für die übrigen Übergangsbedingungen.

Die Zahl der Unbekannten wird wesentlich herabgesetzt und die
Gleichungen alle auf höchstens drei Glieder reduziert, wenn man an
Stelle des oben angenommenen üblichen Fundamentalsystems ein
anderes mechanisch sinnvolles setzt, so daß die zu diesem System ge-
hörenden Integrationskonstanten identisch werden mit solchen mechanischen Größen, die in den Übergangsbedingungen auftreten (z. B.
Biegemomente und Durchbiegungen an beiden Enden des Stabes).
Das Verfahren sei zunächst in allgemeiner Form angegeben, d. h. an
den Übergangsstellen sollen auch Verschiebungen auftreten können.
Es mögen an einem herausgeschnittenen Balkenabschnitt die periodischen Endmomente

$$M_{k-1}^r \cos \sqrt{\lambda}\, t \qquad \text{und} \qquad M_k^l \cos \sqrt{\lambda}\, t$$

angreifen, ferner sollen die Stabendpunkte gemäß

$$y_{k-1}^r \cos \sqrt{\lambda}\, t \qquad \text{und} \qquad y_k^l \cos \sqrt{\lambda}\, t$$

bewegt werden. Die Amplituden ϑ_k der Enddrehwinkel ergeben sich
dann zu

$$\vartheta_{k-1}^r = \frac{l_k}{p_k}\left(M_{k-1}^r \varphi(m_k) + M_k^l \psi(m_k)\right) + \frac{1}{l_k}\left(y_k^l \overline{\psi}(m_k) + y_{k-1}^r \overline{\varphi}(m_k)\right),$$

$$\vartheta_k^l = \frac{l_k}{p_k}\left(M_{k-1}^r \psi(m_k) + M_k^l \varphi(m_k)\right) + \frac{1}{l_k}\left(y_{k-1}^r \overline{\psi}(m_k) - y_k^l \overline{\varphi}(m_k)\right),$$

worin

$$\varphi(m) = \frac{1}{2m}\left(\mathfrak{Cotg}\,m - \cotg m\right), \qquad \overline{\varphi}(m) = \frac{m}{2}\left(\mathfrak{Cotg}\,m + \cotg m\right),$$

$$\psi(m) = -\frac{1}{2m}\left(\mathfrak{Cosec}\,m - \cosec m\right), \qquad \overline{\psi}(m) = \frac{m}{2}\left(\mathfrak{Cosec}\,m + \cosec m\right)$$

zu setzen ist, die Vorzeichen der Größen sind der Fig. 9 zu entnehmen, M_k und R_k sind die von außen auf den Stababschnitt übertragenen Momente und Kräfte. Ähnliche Ausdrücke ergeben sich auch für die Endquerkräfte R_{k-1} und R_k. Die benötigten Funktionen $\varphi, \psi, \overline{\varphi}$ und $\overline{\psi}$ liegen tabuliert vor. Die Lösung innerhalb eines Stababschnitts ist jetzt nicht mehr eine Funktion der mechanisch bedeutungslosen Integrationskonstanten $C_i^{(k)}$, sondern eine Funktion der Amplituden der Endmomente M_{k-1}^r

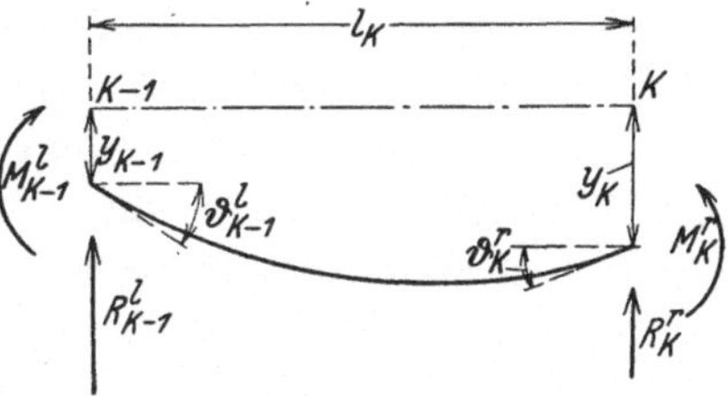

Fig. 9. Vorzeichenfestsetzung der Endkräfte und Momente eines Stababschnitts.

und M_k^l und der Amplituden der Endverschiebungen y_{k-1}^r und y_k^l. Der Vorteil dieser Darstellung ist sofort ersichtlich, wenn man für das obenerwähnte Beispiel des Balkens auf n Stützen, der durch ein periodisches Endmoment erregt wird, die Gleichungen zur Bestimmung der Integrationskonstanten aufstellt. Diese heißen

$$y_i^l = y_i^r = 0, \qquad\qquad i = 1, 2, \ldots n$$

$$M_1^r = M_1, \qquad M_i^l = M_i^r, \quad i = 2, 3, \ldots n-1,\ M_n^l = 0$$

$$\vartheta_i^l = \vartheta_i^r. \qquad\qquad i = 2, 3, \ldots n-1$$

Die letzten Bedingungen liefern $n-2$ dreigliedrige Gleichungen, in denen die Biegemomente in drei aufeinanderfolgenden Stützen vorkommen. Die Anzahl der aufzulösenden Gleichungen ist gegenüber dem üblichen Verfahren auf den dritten Teil gesunken, die Gleichungen sind überdies nur dreigliedrig und bequem aufzulösen. Die Amplitude der Durchbiegung in der Mitte eines Balkenabschnitts ergibt sich zu

$$y\left(\frac{l_k}{2}\right) = \frac{l_k^2}{p_k}\left(M_{k-1}^r + M_k^l\right)\psi(m_k) + \left(y_{k-1}^r + y_k^l\right)\overline{\psi}(m_k),$$

worin

$$\psi(m) = -\frac{1}{4m^2}\left(\mathfrak{Sec}\,\frac{m}{2} - \sec\frac{m}{2}\right),$$

$$\overline{\psi}(m) = \frac{1}{4}\left(\mathfrak{Sec}\,\frac{m}{2} + \sec\frac{m}{2}\right).$$

Für das Biegemoment in Balkenmitte gilt eine ähnliche Beziehung. Auch die Funktionen $\psi(m)$ und $\overline{\psi}(m)$ liegen tabuliert vor, es ist somit die Schwingungsform leicht auszurechnen, indem man zunächst aus den bekannten Endmomenten und Verschiebungen die Verschiebungen und das Moment in der Mitte und dann entsprechend in den Viertelspunkten usw. berechnet. Handelt es sich um freie Schwingungen, dann ist in dem obigen Beispiel das Gleichungssystem

$$\vartheta_i^l = \vartheta_i^r, \qquad\qquad i = 2, 3, \ldots n - 1$$

in den M_i homogen und das Verschwinden der Koeffizientendeterminante liefert die Frequenzgleichung. Die Eigenfunktionen werden am besten punktweise mit Hilfe der Formeln für die Durchbiegung in der Mitte eines Stababschnitts berechnet[1].

Die Eigenwerte des wirklichen Systems erhält man durch Einsetzen der Eigenfunktionen des Ersatzsystems in (50) oder (51). Auch hier braucht das Ersatzsystem dem wirklichen nicht sehr benachbart zu sein. Als Beispiel seien die Ergebnisse der Rechnung für einen bei $x = 0$ eingespannten, bei $x = 1$ freien Stab angegeben, der konstante Massenbelegung $q = 1$ hat und dessen Steifigkeit mit

$$p = 1 - 0{,}347\,x - 0{,}430\,x^2$$

variiert, also parabolisch von $p\,(0) = 1$ auf $p\,(1) = 0{,}223$ abnimmt. Es entspricht das etwa einem Turm oder Freileitungsmast, der aus vier Winkeleisen besteht, die einen Pyramidenstumpf bilden (vgl. Fig. 10). Als benachbartes System wird ein Stab mit konstanter Steifigkeit genommen, die so bestimmt wird, daß die asymptotischen Eigenwerte beider Systeme miteinander übereinstimmen. Die Eigenwerte eines Stabes mit beliebigen Randbedingungen und beliebiger Massen- und Steifigkeitsverteilung nähern sich asymptotisch dem Wert

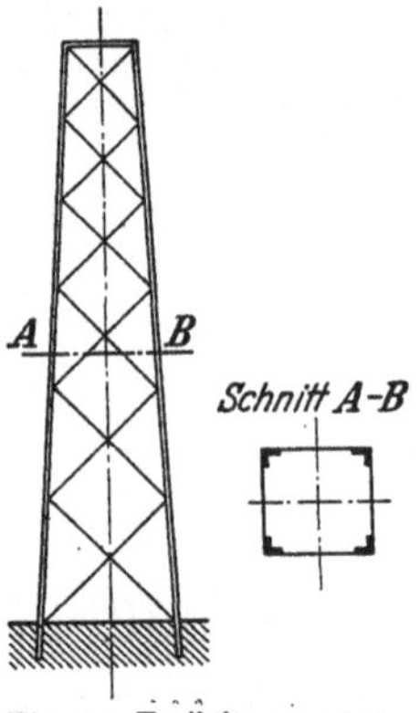

Fig. 10. Freileitungsmast.

$$(53) \qquad \lim_{n \to \infty} \frac{n}{\sqrt[4]{\lambda_n}} = \frac{1}{\pi} \int\limits_0^l \sqrt[4]{\frac{q\,(x)}{p\,(x)}}\, dx\,.$$

Ist $\sqrt{\lambda_n^*}$ der asymptotische Betrag des $n$ten Eigenwertes für den Stab mit $p = q = 1$, dann sind die Eigenwerte des Ersatzstabes durch

$$\sqrt{\lambda_n} = \frac{\sqrt{\lambda_n^*}}{\int\limits_0^1 \sqrt[4]{\dfrac{1}{p\,(x)}}\, dx}$$

gegeben und man erhält wegen

$$\sqrt{\lambda_0^*} = 3{,}52\,, \qquad \sqrt{\lambda_1^*} = 22{,}05\,, \qquad \sqrt{\lambda_2^*} = 62{,}2$$

für die ersten drei Eigenwerte des Ersatzstabes die Näherungen

$$\sqrt{\lambda_0} = 2{,}54\,, \qquad \sqrt{\lambda_1} = 15{,}9\,, \qquad \sqrt{\lambda_2} = 44{,}8\,.$$

[1] Eine Tabellierung der dynamischen Durchbiegung als Funktion der harmonisch veränderlichen Enddurchbiegungen und Endmomente eines Balkenabschnitts ist in Vorbereitung.

Setzt man die Eigenfunktionen des Ersatzstabes in (50) ein, dann erhält man
$$\sqrt{\lambda_0} = 3{,}17\,, \qquad \sqrt{\lambda_1} = 17{,}6\,, \qquad \sqrt{\lambda_2} = 47{,}3\,.$$
Der genaue Betrag des ersten Eigenwertes, der durch zweimalige Anwendung des Iterationsverfahrens gefunden wurde, ist $\sqrt{\lambda_0} = 3{,}11$. Die nach (50) berechneten höheren Eigenwerte dürften noch weniger von den genauen Werten abweichen. Man sieht, daß schon der zweite und dritte Eigenwert des Ersatzstabes mit konstantem Querschnitt und richtiger asymptotischer Eigenwertverteilung ganz gute Abschätzungen für die wirklichen Eigenwerte liefert.

Der geringe Unterschied zwischen der Näherung (50) und dem genauen Grundton zeigt, daß die Auswahl eines benachbarten Systems ohne große Sorgfalt vorgenommen werden kann[1]. Diese Tatsache ist praktisch von großer Bedeutung. Es genügt, eine geringe Anzahl von durchgerechneten Systemen vorrätig zu haben, um daraus eine große Mannigfaltigkeit von benachbarten Systemen mühelos zu beherrschen[2].

---

[1] Für den Fall des einseitig eingespannten Stabes, der am anderen Ende eine Einzelmasse trägt, findet sich bei A. Esau und M. Hempel [Z. techn. Physik Bd. 11 (1930) S. 150] eine Gegenüberstellung der genauen Rechnung von W. Hort (Technische Schwingungslehre, S. 459. Berlin 1922) mit einer Näherungsrechnung von Lord Rayleigh (Theory of Sound, S. 287), der als benachbartes System den Stab ohne Einzelmasse verwendet. Die Näherung weicht selbst bei einem Verhältnis von Einzelmasse zu Stabmasse von 3 : 1 um weniger als 1 % von dem genauen Wert ab. Die mangelnde Übereinstimmung der Rechnung mit den Versuchen ist allerdings nicht, wie die Verfasser glauben, auf Konto der Rechnung zu setzen, worauf auch schon Th. Pöschl [Z. techn. Physik Bd. 11 (1930) S. 220] hinwies. Da es sich um beträchtliche Einzelmassen handelt, wird die Abweichung der Versuchsergebnisse von den Rechnungswerten vermutlich daran liegen, daß die Einzelmasse nicht punktförmig angenommen werden darf. Die Näherung (50) ist allgemein ausgewertet worden für den Fall eines Stabes, der am einen Ende frei, am anderen eingespannt ist und dessen Querschnitts- und Trägheitsmomentenverlauf durch Superposition einer Geraden mit einer Sinuslinie dargestellt wird, von W. Hort: Z. techn. Physik Bd. 6 (1925) S. 181 — Verh. 1. intern. Kongreß techn. Mech., S. 282. Delft 1924 — ebenfalls „Hütte", Ingenieurtaschenbuch Bd. 1 (Berlin 1925) S. 403. Als Grundsystem wird der Stab mit konstanter Steifigkeit und konstantem Querschnitt benutzt. Das Rayleighsche Verfahren für benachbarte Systeme verwendet auch N. Mononobe [Z. angew. Math. Mech. Bd. 1 (1921) S. 449] zur Berechnung der Schwingungszahlen kegelförmiger Stäbe.

[2] Als benachbartes System für einen einseitig freien und am anderen Ende eingespannten Stab kann z. B. auch der von G. Kirchhoff [Wied. Ann. Bd. 501 (1880) — Ges. Abh. Bd. 339 (Leipzig 1882)] behandelte und von P. F. Ward [Philos. Mag. (6) Bd. 25 (1913) S. 85] numerisch durchgerechnete Stab mit einem Querschnittsverlauf
$$F = F_0\, x^{m+n}$$
und einem Verlauf des Trägheitsradius $K^2 = J/F$ (I ist das Trägheitsmoment) von
$$K^2 = K_0^2\, x^{2n}$$
genommen werden. F_0 und K_0 sind der Querschnitt und der Trägheitsradius am eingespannten Ende. Ward gibt für $m = 1$, $n = 0$ (Stab von konstanter Höhe und linear abnehmender Breite) und für $n = m = 1$ (Pyramide auf quadratischer

Die Anzahl der vorrätigen Systeme wird durch Anwendung des Reziprozitätssatzes zwischen Steifigkeiten und Massen genau verdoppelt, denn jedem System von einer gegebenen Steifigkeit und Massenverteilung entspricht ein zugeordnetes mit reziproker Steifigkeit und Massenbelegung, welches die gleichen Schwingungszahlen besitzt.

1) Schätzung der Knotenpunkte zur Berechnung der Obertöne. Da die Grundschwingungszahl des durch zusätzliche Stützen veränderten Systems ein Maximum wird, wenn die Lage der Stützen mit den Knotenpunkten einer Oberschwingung zusammenfällt, ist die Grundschwingungszahl des gebundenen Systems gegen Fehlschätzungen der Knoten ziemlich unempfindlich. Es betragen z. B. die Grundschwingungszahlen eines nach Fig. 11 gelagerten Stabes mit $p = q = 1$ für verschiedene Abstände a des Knotens

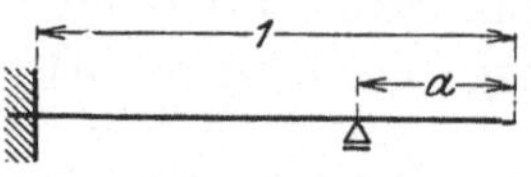

Abb. 11. Stab mit einer Bindung im geschätzten Knoten.

a	0,250	0,214	0,187
$\sqrt{\lambda}$	21,8	22,0	21,6

Die Eigenfrequenz des ersten Obertons mit dem Knoten in $a = 0,226$ beträgt $\sqrt{\lambda_1} = 22,03$. Die Schätzung der Knoten erfolgt wieder am einfachsten mit Hilfe der Beziehung

$$\int_0^1 \varphi_1 y_0 \, dx = 0,$$

wo $y_0 = \pm 1$ gesetzt werde, und wo φ_1 die erste Eigenfunktion ist. Falls man die Oberschwingung unabhängig von der Kenntnis der Schwingungen niedrigerer Ordnung bestimmen will, lassen sich auch Methoden zur Verbesserung von beliebig geschätzten Knoten angeben[1].

Die Frage nach der Zahl der Knoten einer Oberschwingung ist für Stäbe, insbesondere für solche mit mehreren Stützen, nicht mehr ohne weiteres zu beantworten und erfordert besondere Untersuchungen, die kurz angedeutet werden sollen[2]. Es möge sich um einen Stab handeln, der bei $x = 0$ gestützt und an beliebig vielen anderen Punkten frei drehbar oder mit elastischer Einspannung gelagert ist (vgl. Fig. 12).

Basis oder konischer Rundstab) die ersten drei Eigentöne und z. T. auch die Eigenfunktionen an. Schwingungszahlen konischer Stäbe wurden weiter berechnet von A. Ono: J. Soc. Mech. Engs. Tokyo Bd. 28 (1925) S. 429; Bd. 27 (1924) S. 467. — Webb, H. A., u. L. M. Swain: Advis. Comm. Aeron. Reps. Mem. (Mai) 1919 Nr. 626 (Propellerschwingungen). — Wrinch, D.: Proc. Roy. Soc. London A Bd. 101 (1922) S. 493.

[1] Hohenemser, K.: Z. Flugtechn. Motorluftsch. Bd. 23 (1932) S. 37.

[2] Hohenemser, K., u. W. Prager: Z. angew. Math. Mech. Bd. 11 (1931) S. 92.

Die Stütze bei $x = 0$ werde jetzt beseitigt und an ihrer Stelle eine periodisch veränderliche Kraft $Q \sin\sqrt{\lambda}\,t$ wirkend gedacht, die das System zu erzwungenen Schwingungen erregt. Man kann nun allgemein zeigen, daß die Auslenkung an der Stelle $x = 0$ als Funktion von λ nach Fig. 13 verläuft, d. h. $y(0, \lambda)$ hat eine dauernd positive Ableitung nach λ und springt an den Stellen $\lambda_1, \lambda_2, \ldots$ von $+\infty$ auf $-\infty$. Die $\lambda_1, \lambda_2, \ldots$ sind die Eigenwerte des bei $x = 0$ freien Stabes, die $\lambda_1', \lambda_2', \ldots$ sind diejenigen des bei $x = 0$ gestützten Stabes. Aus gewissen Monotonitätseigenschaften der Lösungen der Differentialgleichung (47) folgt, daß für alle λ die Ungleichung $\dfrac{d}{dx}\,y(0, \lambda) < 0$ gilt. Man erhält mit wachsendem λ nacheinander die Formen der Fig. 12 und erkennt, daß jedesmal ein Knoten von links hereinwandert, wenn $y(0, \lambda)$ durch Null geht. Aus den erwähnten Monotonitätssätzen läßt sich weiter folgern, daß ein einmal hereingewanderter Knoten nicht mehr verschwinden kann. Die Eigenschwingungen sowohl des bei $x = 0$ freien wie auch des bei $x = 0$ gestützten Stabes sind in dem Kontinuum der erzwungenen Schwingungsformen enthalten, nämlich die ersten für $\lambda = \lambda_i$, die zweiten für $\lambda = \lambda_i'$. Es gilt daher für den mit beliebig vielen Stützen oder elastischen Einspannungen gelagerten Stab der Satz, daß die $n$te Oberschwingung gerade n Knoten besitzt, so daß also auch hier die Methode der Bindungen immer zum Ziel führen muß.

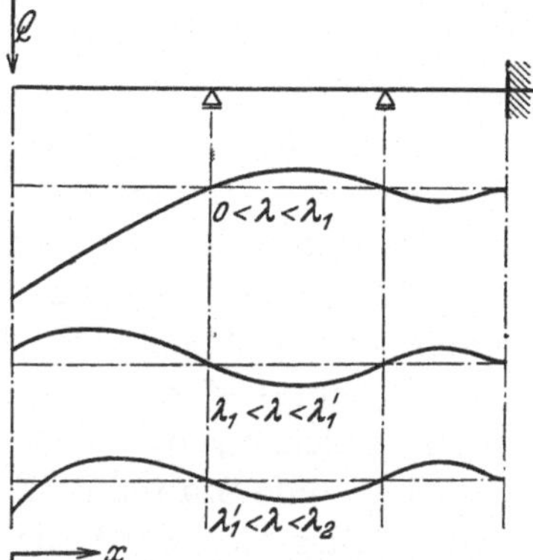

Fig. 12. Veränderung der Schwingungsform bei wachsender Kreisfrequenz der erregenden periodischen Kraft $Q \cos\sqrt{\lambda}\,t$.

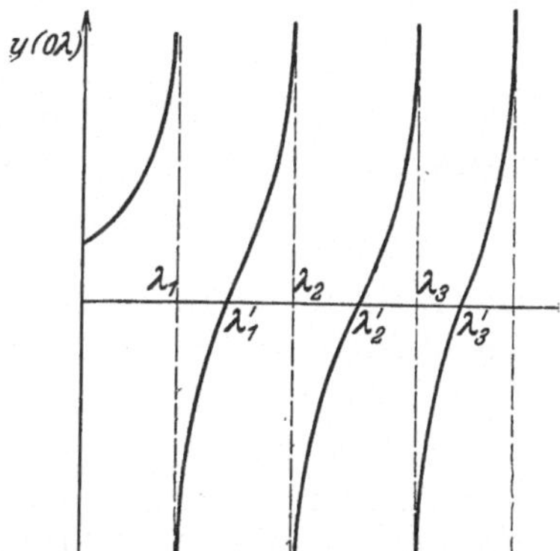

Fig. 13. Die „Resonanzfunktion" an der Angriffsstelle der erregenden Kraft.

m) Verwendung der Näherungen für die Eigenwerte zusammengesetzter Systeme. Die von S. DUNKERLEY empirisch gefundene Näherung (52) ist identisch mit der Beziehung (39), und die DUNKERLEYsche Methode läßt sich auch als Verfahren zur angenäherten Eigenwertberechnung eines Stabes mit zusammengesetzter Massenbelegung auffassen. Streng gültig müßte (39) auch für alle Obertöne sein, wenn es sich um eine Zusammensetzung *ähnlicher* Massenbelegungen handelt [vgl. (40)], doch liefert die Formel (39) auch dann noch brauchbare Näherungen, wenn die Teilbelegungen von der Ähnlichkeit stark abweichen. Für den Grenzfall, daß die Teilbelegungen aus unendlich vielen kleinen Einzelmassen bestehen, geht (39) in

$$\frac{1}{\lambda_1} \approx \int K(xx)\, q(x)\, dx$$

über, und man erhält z. B. für den bei $x = 0$ und $x = 1$ gestützten Stab mit $p = q = 1$ den Wert $\sqrt{\lambda_1} = 9,49$ an Stelle des genauen Wertes $\pi^2 = 9,86$.

Ein wichtiger Fall von zusammengesetzter Steifigkeit liegt vor bei Stäben, welche infolge Rotation um einen Punkt auf ihrer Achse Zentrifugalkräften in Richtung der Achse ausgesetzt sind (Turbinenschaufeln, Propeller). Die Wirkung der Zentrifugalkraft ist die gleiche wie diejenige von elastischen Rückstellkräften, der transversalen Auslenkung eines Punktes steht infolge der Zentrifugalkraft ein Widerstand entgegen, welcher proportional der Auslenkung ist. Die Teilsysteme sind der biegesteife Stab ohne Zentrifugalkräfte und das Seil von verschwindender Biegesteifigkeit, das den Zentrifugalkräften allein unterworfen ist. Die Grundfrequenz eines mit der Kreisfrequenz ω umlaufenden Seiles von konstanter Dicke und beliebiger Länge beträgt $\sqrt{\lambda_1} = \omega$ *, (41) ergibt daher für die Grundschwingungszahl eines bei $x = 0$ eingespannten bei $x = 1$ freien Stabes, der um die Einspannstelle rotiert, den Wert

$$\lambda_1 \geqq \lambda_1^{(0)} + \omega^2 ,$$

worin $\lambda_1^{(0)}$ der erste Eigenwert des ruhenden Stabes ist. Der genaue Betrag ist bei konstantem Querschnitt[1]

$$\lambda_1 = \lambda_1^{(0)} + 1,08\, \omega^2 .$$

Die Zusammensetzungsformel (41) gilt um so genauer, je ähnlicher die Steifigkeiten der Teilsysteme sind, doch liefert sie, wie das obige Beispiel zeigt, auch bei recht unähnlichen Steifigkeiten der Teilsysteme wenigstens für den Grundton brauchbare Werte[2]. Dieselbe Zusammensetzung kann natürlich auch verwendet werden, wenn es sich um den Einfluß von irgendwelchen anderen Axialkräften handelt. Man erhält in allen diesen Fällen immer eine untere Grenze für den ersten Eigenwert durch Addition der Eigenwerte für den Biegestab und für das Seil mit der gleichen Massenbelegung.

---

* Über die Transversalschwingungen umlaufender Seile siehe J. GHOSH: Bull. Calcutta Math. Soc. Bd. 14 (1923) S. 161.

[1] Über die Integration der Differentialgleichung des transversal schwingenden und rotierenden Stabes vermittels eines Reihenansatzes vgl. H. v. SANDEN: Z. techn. Physik Bd. 10 (1929) S. 443.

[2] Diese Zusammensetzung wurde für die Berechnung der Schwingungszahlen von transversal schwingenden Propellern angewendet von F. LIEBERS: Z. techn. Physik Bd. 9 (1929) S. 361. — HOHENEMSER, K.: Z. Flugtechn. Motorluftsch. Bd. 23 (1932) S. 37 (bei Oberschwingungen). — SOUTHWELL, R. V.: Advis. Comm. Aeronaut. Reps. Mem. 1918 (August) Nr. 486; 1921 (Oktober) Nr. 766.

n) Der Einfluß der Rotationsträgheit. Bisher war angenommen worden, daß die Stabachse mit linienförmigen oder punktförmigen Massen belegt ist. Trägt der Stab jedoch Scheiben, dann verstärken die Trägheitsmomente der Scheiben die ausbiegende Wirkung der Massenkräfte. Ist der Stab kontinuierlich mit Scheiben von dem axialen Trägheitsmoment $r(x)$ je Längeneinheit belegt [$r(x)$ kann auch das Trägheitsmoment des Stabquerschnitts sein], dann heißt die Differentialgleichung für die freien Schwingungen des Stabes

$$(54) \qquad (p\,y'')'' + \lambda\,(r(x)\,y')' - \lambda\,q(x)\,y = 0 \,.$$

Sämtliche Methoden sind ohne weiteres auf diesen Fall übertragbar. Die Reduktion des auftretenden Systems von zwei Integralgleichungen auf eine einzige ist in (3) gegeben worden. Die erste der Gleichungen (12) heißt demnach

$$(55) \qquad \frac{1}{\lambda_1} = \int\limits_0^l \alpha\,(x\,x)\,q(x)\,dx + \int\limits_0^l \delta\,(x\,x)\,r(x)\,dx\,,$$

wobei $\alpha\,(x\xi)$ die Durchbiegung in x infolge einer Lasteinheit in ξ, und $\delta\,(x\xi)$ der Drehwinkel der Stabtangente in x infolge eines Einheitsmomentes in ξ ist. Das Iterationsverfahren erfolgt so, daß mit einer angenommenen Schwingungsform y_0 die Durchbiegung y_1 infolge der Kräfte $y_0 q(x)$ und infolge der Momente $y_0' r(x)$ bestimmt wird. Bei der Wahl einer Ausgangsfunktion $y_0 = 1$ läßt sich der Einfluß der Trägheitsmomente weder in der BAUMANNschen Formel (48), noch in der Mittelwertbildung (49) erfassen, wohl aber bei Verwendung der Extremalprinzipe. Man erhält z. B. an Stelle von (50) die Beziehung

$$(56) \qquad \lambda_1 = \frac{\int y_0 y_1\, q(x)\,dx}{\int y_1^2 q\,dx + \int y_1'^2\, r\,dx}\,.$$

Da der Einfluß der Trägheitsmomente auf die niedrigeren Eigenwerte meist nicht sehr groß ist, kann man auch von den Schwingungsformen y_i des Stabes mit $r(x) = 0$ als einem benachbarten System ausgehen und diese in

$$(57) \qquad \lambda_i = \frac{\int p\, y_i''^2\, dx}{\int y_i^2 q\,dx + \int y_i'^2\, r\,dx}$$

einsetzen. Der Einfluß der Rotationsträgheit wächst mit der Ordnung der Eigenschwingung, in der Grenze $u \to \infty$ sind die Schwingungszahlen sogar lediglich von der Verteilung der Trägheitsmomente abhängig, denn die asymptotischen Größen der Eigenwerte von (54) sind durch

$$(58) \qquad \lim_{n \to \infty} \frac{n}{\sqrt{\lambda_n}} = \frac{1}{\pi} \int \sqrt{\frac{r(x)}{p(x)}}\, dx$$

gegeben, d. h. sie sind unabhängig nicht nur von den Randbedingungen, sondern auch von der Massenbelegung. Die Trägheitsmomente beeinflussen die tieferen Schwingungszahlen nur wenig, die Massen beeinflussen die höheren Schwingungszahlen nur wenig.

Sind auf dem Stab Scheiben befestigt, die sowohl Masse wie Trägheitsmoment haben, dann folgt aus (39) über die Eigenwerte zusammengesetzter Systeme einmal

$$(59) \qquad \frac{1}{\lambda_1} = \frac{1}{\lambda_1^{(0)}} + \sum_{i=1}^{n} \frac{1}{\lambda_M^{(i)}} + \sum_{i=1}^{n} \frac{1}{\lambda_T^{(i)}}$$

oder auch

$$(60) \qquad \frac{1}{\lambda_1} = \frac{1}{\lambda_1^{(0)}} + \sum_{i=1}^{n} \frac{1}{\lambda^{(i)}},$$

$\lambda_1^{(0)}$ ist der erste Eigenwert des Stabes ohne Einzelmassen, $\lambda_M^{(i)}$ ist der Eigenwert des masselosen Stabes, wenn nur die Einzelmasse M_i, $\lambda_T^{(i)}$, wenn nur das Einzelträgheitsmoment T_i, und $\lambda^{(i)}$, wenn nur die $i$te Scheibe mit der Masse M_i und dem Trägheitsmoment T_i angebracht ist. (60) wurde von DUNKERLEY[1] angegeben, (59) von E. HAHN[2], (59) ist infolge der größeren Anzahl der verwendeten Teilsysteme ungenauer als (60)[3]. Für unendlich dichte Besetzung des Stabes mit Scheiben geht (59) in (55) über. Infolge Berücksichtigung der Trägheitsmomente verringern sich alle Schwingungszahlen, da die Steifigkeit konstant bleibt und die kinetische Energie vergrößert wird. Dies geht auch aus (55) bis (57) hervor, ebenso aus dem Vergleich von (58) mit (53). Die Eigenwerte für den Stab ohne Berücksichtigung der Trägheitsmomente gehen mit n^4, diejenigen bei Berücksichtigung der Trägheitsmomente mit n^2 nach unendlich.

o) **Der Einfluß von Axialkräften.** Die Näherungsverfahren sind auch alle ohne weiteres anwendbar, wenn Axialkräfte auf den Stab wirken, bei der Berechnung der Einflußfunktion oder bei der Ausführung der Iterationen ist die bei Zug erhöhte, bei Druck erniedrigte Steifigkeit zu berücksichtigen[4]. Da im allgemeinen der Einfluß der Axialkräfte einen wesentlich kleineren Beitrag zur Steifigkeit liefert als die Biegesteifigkeit selbst, ist die Verwendung der Formeln für benachbarte Systeme angebracht. (50) heißt jetzt

$$(61) \qquad \lambda = \frac{\int p\, y''^2\, dx + \int N\, y'^2\, dx}{\int y^2 q\, dx}.$$

---

[1] DUNKERLEY, S.: Siehe a. a. O.

[2] HAHN, E.: Schweiz. Bauzeitung Bd. 72 (1918) S. 191, 206. — Vgl. auch F. H. VAN DEN DUNGEN: C. R. Acad. Sci., Paris Bd. 177 (1923) S. 243, 387.

[3] Vgl. M. TH. GOT: C. R. Acad. Sci., Paris Bd. 193 (1931) S. 836.

[4] Bemerkungen über die Integralgleichungen mit zwei Parametern, wie sie bei den Problemen der Stabschwingungen mit Axialkräften vorkommen, stehen bei F. H. VAN DEN DUNGEN: Verh. 2. intern. Kongreß techn. Mech., S. 113. Zürich 1926. Die Methode der sukzessiven Approximation wurde auf die Differentialgleichung der Transversalschwingungen eines axial belasteten Stabes angewendet von R. C. J. HOWLAND: Philos. Mag. (7) Bd. 1 (1926) S. 674.

N ist die im Querschnitt übertragene Längskraft, sie ist als Zugkraft positiv, als Druckkraft negativ einzusetzen. (61) gibt für den Grundton eine obere Grenze, eine untere Grenze erhält man, wie unter m) bemerkt wurde, durch

$$(62) \qquad \lambda = \lambda^{(b)} + \lambda^{(s)},$$

wobei $\lambda^{(b)}$ und $\lambda^{(s)}$ die Eigenwerte des Biegestabes und des Seiles mit der Seilspannung $N(x)$ sind, $\lambda^{(s)}$ hat nur für Zugkräfte $N(x)$ eine physikalische Bedeutung[1]. In (61) sind für y die Schwingungsformen des Stabes ohne Längskräfte einzusetzen. Da bei den höheren Eigenschwingungen die Krümmungen y'' im Verhältnis zu den Tangentenneigungen y' im Mittel immer größer werden, haben die Längskräfte für die höheren Eigenschwingungen abnehmenden Einfluß und es gilt asymptotisch die Eigenwertverteilung (53), unabhängig von den Längskräften. Für den Fall des an beiden Enden gelagerten Stabes mit konstanter Steifigkeit und Masse und konstanter Zugkraft N ergeben die obere Grenze (61) und die untere Grenze (62) den gleichen, also exakten Wert

$$\lambda_1 = \frac{\pi^4}{l^4} \frac{p}{q} + \frac{\pi^2}{l^2} \frac{N}{q}.$$

Für negative N (Druckkraft) kann der Fall eintreten, daß λ_1 Null wird, nämlich für $N = \dfrac{\pi^2}{l^2} p$, das ist gerade die EULERsche Knicklast für den Stab. Die Knicklast eines Stabes kann ganz allgemein definiert werden als diejenige Last, für welche die Periode des Grundtons unendlich wird. Es genügt dann ein beliebig kleiner Impuls, um dem Stab beliebig große Auslenkungen zu erteilen. Die Ursache dafür, daß in dem erwähnten Beispiel (61) exakte Werte lieferte, liegt in der Identität

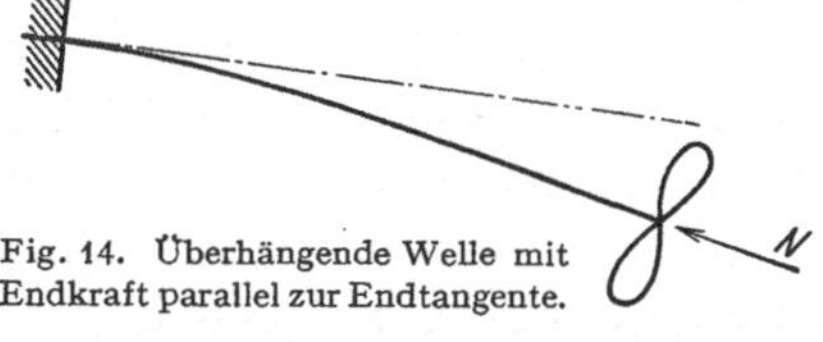
Fig. 14. Überhängende Welle mit Endkraft parallel zur Endtangente.

der Schwingungsformen mit den Ausknickformen, im allgemeinen liegt diese Identität nicht vor, und man wird bei kleinem N in (61) die Schwingungsform für $N = 0$ und bei großem N, d. h. in der Nähe der Knicklast, die Ausknickungsform einsetzen. In manchen Fällen kann es auch vorkommen, daß eine Endlast parallel zur Endtangente angreift, etwa bei einer überhängenden Welle, die einen Propeller trägt (Fig. 14). Die Steifigkeit und die Schwingungszahlen werden dann durch Druck erhöht, durch Zug erniedrigt, also umgekehrt wie bei reinen Axialkräften.

---

[1] Die Beziehung (62) wurde, allerdings ohne befriedigende Begründung, angewendet von K. HINZ [Z. techn. Physik Bd. 8 (1927) S. 370] zur Berechnung der Schwingungen von Spannbolzen bei großen Asynchronmotoren.

18. Die kritischen Drehzahlen umlaufender Wellen.

Von den zahlreichen und viel untersuchten Problemen über die kritischen Drehzahlen rasch umlaufender Wellen sollen hier nur diejenigen herausgegriffen werden, die sich in unmittelbare Analogie zu den Eigenschwingungsaufgaben der Elastokinetik bringen lassen. Auf die Fragen der Stabilität der Bewegung und auf die sog. kritischen Drehzahlen zweiter Art wird nicht eingegangen. Man kann die kritischen Drehzahlen umlaufender Wellen auf drei Arten definieren:

a) Man setzt zunächst voraus, daß die Welle, falls sie starr wäre, um ihre freie Achse rotieren müßte, d. h., daß sie völlig ausgewuchtet ist. Während der Drehung soll die Welle eine ausgebogene Form annehmen, die mit irgendeiner Winkelgeschwindigkeit um die Ruhelage rotiert. Setzt man die dabei entstehenden Trägheitskräfte den elastischen Rückstellkräften gleich, dann erhält man ein Eigenwertproblem für die Drehzahl der Welle, d. h. bei gegebenem Verhältnis von Drehzahl der Welle zu der Umlaufgeschwindigkeit der ausgebogenen Form gibt es nur gewisse Drehzahlen, bei welchen eine von Null verschiedene Auslenkung der Welle möglich ist. Die Beobachtung lehrt nun, daß praktisch die ausgebogene Form immer mit der Geschwindigkeit der Wellendrehung umläuft, und zwar entweder im selben Sinn wie die Wellenbewegung (kritische Drehzahl im Gleichlauf) oder im entgegengesetzten Sinn (kritische Drehzahl im Gegenlauf). Die Beobachtung lehrt weiter, daß die kritischen Drehzahlen im Gleichlauf bei weitem gefährlicher sind als diejenigen im Gegenlauf. Dies erscheint plausibel, wenn man bedenkt, daß bei unendlich großer Torsionssteifigkeit der Gleichlauf die einzig mögliche Bewegungsform der Welle ist, und daß bei den praktisch vorkommenden Wellenabmessungen die Torsionssteifigkeit gegenüber der Biegesteifigkeit groß ist. Legt man den Gleichlauf zugrunde, dann ergeben sich eindeutig gewisse Drehzahlen, bei denen eine solche Bewegung möglich ist, während bei allen anderen Drehzahlen die Auslenkung identisch verschwinden muß. Diese Betrachtungsart entspricht vollständig der Ermittlung der Eigenschwingungszahlen, sie läßt offen, ob bei den betreffenden Drehzahlen tatsächlich gefährlich große Auslenkungen entstehen.

b) Die zweite Definition der kritischen Drehzahlen knüpft an die Transversalschwingungen einer rotierenden Welle an[1]. Wenn man wieder unendlich große Torsionssteifigkeit der Welle voraussetzt, müssen die Transversalschwingungen in einer Ebene erfolgen, die mit der Welle umläuft, es gibt nun gewisse Drehzahlen, bei denen die Perioden der transversalen Eigenschwingungen unendlich werden. Dann genügt ein beliebig kleiner Impuls, um dem Stab beliebig große Auslenkungen zu

---

[1] Diese Definition stammt von C. Chree: Philos. Mag. (6) Bd. 7 (1904) S. 504; Bd. 9 (1905) S. 132.

erteilen. Bei dieser Auffassung der kritischen Drehzahlen erkennt man, daß die Auslenkungen bei den kritischen Drehzahlen nicht nur möglich sind, sondern infolge irgendwelcher zufälligen Impulswirkungen auch leicht gefährlich groß werden können.

c) Die dritte Definition[1] der kritischen Drehzahlen geht davon aus, daß die Welle nicht völlig ausgewuchtet ist. Bei der Drehung entstehen dann Zentrifugalkräfte, die eine Ausbiegung bewirken. Nimmt man wieder Gleichlauf an, dann wird diese Auslenkung unendlich, wenn die Drehzahl mit einer der kritischen Drehzahlen identisch ist. Eine beliebig kleine Unwucht genügt, um bei der kritischen Drehzahl im Lauf der Zeit beliebig große Auslenkungen entstehen zu lassen. Diese Auffassung entspricht vollkommen der Behandlung erzwungener Schwingungen.

Trägt die Welle nur linienförmig verteilte Massen, dann ist die Differentialgleichung der Auslenkung durch die Zentrifugalkräfte völlig identisch mit (47), worin jetzt $\sqrt{\lambda}$ die Kreisfrequenz der Drehbewegung bedeutet. Auf diesen Fall trifft also alles unter **17** Gesagte zu. Trägt die Welle jedoch Scheiben, dann entstehen beim Gleichlauf Kreiselmomente, welche die Welle in die gestreckte Lage zurückzudrehen suchen. Es gilt dann für den Fall kontinuierlich verteilter Scheiben die Differentialgleichung

$$(p\,y'')'' - \lambda\,(r(x)\,y')' - \lambda\,q(x)\,y = 0 \,,$$

die mit (54) bis auf das Vorzeichen des zweiten Gliedes übereinstimmt. (55) bis (58) gelten auch hier, wenn überall $r(x)$ durch $-r(x)$ ersetzt wird. Die Kreiselmomente erhöhen die kritischen Drehzahlen, und zwar ist der Einfluß, genau wie derjenige der Rotationsträgheit, um so größer, je höher die Ordnung der kritischen Drehzahl. Der asymptotische Wert in (58) wird imaginär, d. h. die Zahl der kritischen Wellengeschwindigkeiten bei Berücksichtigung der Kreiselwirkung ist stets *endlich*. (60) ist auch jetzt brauchbar, (59) verliert ihren physikalischen Sinn, da die $\lambda_T^{(i)}$ als negative Größen eingesetzt werden müssen. Der Einfluß der Axialkräfte kann wie in **17 m** und **o** berücksichtigt werden[2].

---

[1] Diese Definition wurde gegeben von A. Föppl: Civil. Ing. Bd. 249 (1895) — siehe auch Technische Mechanik Bd. 4 (Leipzig 1914) S. 238.

[2] An weiteren Arbeiten über die Berechnung kritischer Drehzahlen erster Art seien außer den auf S. 48 zitierten genannt: Carsten, H.: Z. techn. Physik Bd. 2 (1921) S. 183. — Eck, B.: Z. Ver. Deutsch. Ing. Bd. 72 (1928) S. 51. — Föppl, O.: Z. ges. Turbinenwesen Bd. 13 (1916) S. 61, 75. — Grammel, R.: Festschrift Stodola 70. Geburtstag, S. 180. Zürich 1929 (Einfluß der Wellentorsion auf die kritische Drehzahl) — Z. Ver. Deutsch. Ing. Bd. 64 (1920) S. 911; Bd. 73 (1929) S. 1114 (Einfluß der Kreiselwirkung) — Der Kreisel, seine Theorie und Anwendungen, S. 213 ff. Braunschweig 1920. — Karas, K.: Ing.-Arch. Bd. 1 (1930) S. 84, 158. — H. D. I. Mitt. Bd. 17 (1928) S. 95, 119, 167 — Z. Ver. Deutsch. Ing. Bd. 72 (1928) S. 1648 — Z. angew. Math. Mech. Bd. 9 (1929) S. 485 (Einfluß von Längsbelastung und Kreiselwirkung). — Kneser, A.: Z. Math.

19. Fachwerkschwingungen.

Bei den Fachwerken liegen die Verhältnisse so, daß die Haupt-massen des Systems sich in den Knoten befinden. Man schlägt daher die Massen der Stäbe zu den Knotenmassen hinzu und berechnet die Schwingungszahlen eines benachbarten Systems mit endlich vielen Freiheitsgraden, d. h. eines Systems von Punktmassen, die durch elasti-sche Kräfte aneinander gebunden sind[1]. Infolge der großen Zahl der Freiheitsgrade müssen Näherungsverfahren angewendet werden. Für die Ermittlung des Grundtons ist die Anwendung des Iterationsver-fahrens zweckmäßig, das genau in der früher dargestellten Weise gehand-habt werden kann, wobei jetzt allerdings an Stelle der skalaren Ver-schiebungsgrößen y Verschiebungs*vektoren* $\mathfrak{y}$ treten. Für die Berechnung der Grundschwingungszahl geht man von geschätzten Verschiebungen $\mathfrak{y}_0$ der Knoten aus und berechnet zu den Kräften $q_0^{(i)} \mathfrak{y}_0^{(i)}$ (q_i ist die Masse des $i$ten Knotens) die Knotenverschiebungen $\mathfrak{y}_1^{(i)}$, und erhält den kleinsten Eigenwert durch

$$(63) \qquad \lambda_1 = \frac{\sum \mathfrak{y}_0^{(i)} \mathfrak{y}_1^{(i)} q^{(i)}}{\sum \mathfrak{y}_1^{(i)\,2} q^{(i)}} \, .$$

Phys. Bd. 51 (1904) S. 64 (Bedingung für Scheinresonanz). — KRAUSE, M.: Z. Ver. Deutsch. Ing. Bd. 58 (1914) S. 878. — LEBLANC, M. M.: Mém. Soc. Ing. Civils France Bd. 66₁ (1913) S. 171. — LEES, L.: Philos. Mag. (6) Bd. 45 (1923) S. 689; Bd. 37 (1919) S. 515. — LORENZ, H.: Z. Ver. Deutsch. Ing. Bd. 63 (1919) S. 240, 888 (mit zahlreichen Literaturangaben). — PÖSCHL, TH.: Z. angew. Math. Mech. Bd. 3 (1923) S. 297 (zusammenfassendes Referat über das Problem der kritischen Drehzahl). — RODGERS, C.: Philos. Mag. (6) Bd. 44 (1922) S. 122. — RYAN, J. J.: J. Franklin Inst. Bd. 211 (1931) S. 151.

[1] H. REISSNER [Z. Bauwesen Bd. 49 (1899) S. 477; Bd. 53 (1903) S. 135] rechnete erstmalig Eigenschwingungen von komplizierteren ebenen Stabwerken unter Berücksichtigung sowohl der longitudinalen wie auch der transversalen Bewegung, wobei einmal die Differentialgleichung der Schwingungen mit den ent-sprechenden Rand- und Übergangsbedingungen exakt integriert wurde, das andere Mal ein Ersatzsystem mit masselosen Stäben und in den Knotenpunkten konzen-trierten Massen behandelt wurde. Es ergab sich, daß bei gelenkigen Stabver-bindungen und bei den praktisch schon ohnedies in den Knoten stark konzen-trierten Massen (zur Knotenmasse ist nicht nur die Masse der Stabverbindung, sondern bei einer Brücke vor allem auch der entsprechende Anteil der Fahrbahn-masse zu rechnen) das Ersatzsystem Schwingungszahlen hat, die von denen des wirklichen Systems nur wenig abweichen. Abschätzungen hierüber stellt auch E. POHLHAUSEN [Z. angew. Math. Mech. Bd. 1 (1921) S. 28] an. Sind allerdings die Stabverbindungen steif und sind die Massen im wesentlichen auf die Stäbe verteilt, wie bei den Fundamentrahmen der Großkraftmaschinen, dann kann andererseits die Längselastizität der Stäbe vernachlässigt werden, da die Schwin-gungszahlen dann in der Hauptsache von der Biegesteifigkeit der Stäbe abhängen. Vgl. die Arbeiten von W. PRAGER: Bauing. Bd. 8 (1927) S. 923 — Z. techn. Physik Bd. 9 (1928) S. 223; Bd. 10 (1929) S. 275. — Ferner F. W. WALTKING: Ing.-Arch. Bd. 2 (1931) S. 247. Das RAYLEIGHsche Verfahren wurde für ebene Stabwerke angewendet von TH. PÖSCHL [Ebenda Bd. 1 (1930) S. 469] und von H. KAYSER und A. TROCHE [Beton und Eisen Bd. 29 (1930) S. 15, 119].

Die Multiplikation im Zähler ist auf skalare Art auszuführen, (63) gibt wieder eine obere Grenze für λ_1. Handelt es sich z. B. um einen Fachwerkträger nach Fig. 15, dann wählt man etwa $\mathfrak{y}_0$ an allen Knoten gleich Null bis auf den mittleren Knoten des Obergurtes, der sich vertikal um $\mathfrak{y}_0 = 1$ verschieben soll. $\mathfrak{y}_1^{(i)}$ sind dann die Verschiebungen unter der Einzellast $q^{(1)}$ und (63) heißt

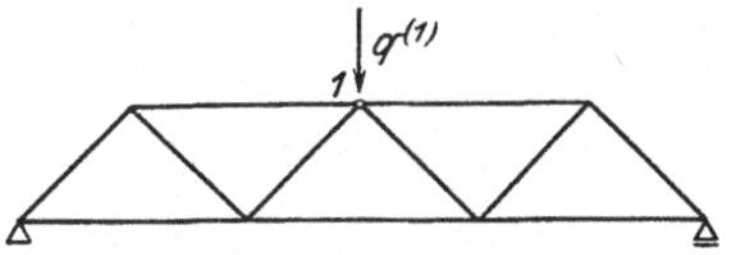

$$(64) \qquad \lambda_1 = \frac{q^{(1)}}{\sum \mathfrak{y}_1^{(i)2} \, q^{(i)}} \cdot$$

Fig. 15. Fachwerkträger.

POHLHAUSEN[1] verwendet eine so ungünstige Mittelwertbildung, nämlich

$$(65) \qquad \sqrt{\frac{\sum \mathfrak{y}_0^{(i)\,2} \, q^{(i)\,2}}{\sum \mathfrak{y}_1^{(i)\,2} \, q^{(i)\,2}}} \, ,$$

daß das Verfahren sehr viel langwieriger erscheint, als in Wirklichkeit der Fall ist. So erhält F. BLEICH für einen nach dem POHLHAUSENschen Verfahren berechneten Fachwerkträger nach dem ersten Schritt eine um 64% zu hohe Schwingungszahl[2], dagegen liefert (64) nur einen Fehler von 7%. Infolge Anwendung der ungünstigen Mittelwertbildung (65) ist POHLHAUSEN gezwungen, noch einen zweiten und dritten Schritt durchzurechnen, während man in fast allen Fällen bei Verwendung von (63) mit einem einzigen Schritt auskommen wird.

Wählt man $\mathfrak{y}_0^{(i)} = 1$ vertikal nach unten in allen Punkten, dann sind die $\mathfrak{y}_1^{(i)}$ die Verschiebungen der Knoten unter dem Eigengewicht. Da die statischen Verschiebungen unter der Eigenlast ohnedies bestimmt werden müssen, macht die Ermittlung der Grundschwingungszahl nach (63) fast keine Mehrarbeit gegenüber der statischen Berechnung des Trägers. Man kann die Näherung für λ_1 noch weiter verbessern, ohne einen neuen Verschiebungsplan zeichnen zu müssen, dadurch, daß man Gleichung (29) verwendet, welche jetzt heißt

$$\lambda_1 \leq \frac{\sum (\mathfrak{y}_1^{(i)})^2 \, q^{(i)}}{\sum \dfrac{(S^{(i)})^2}{p^{(i)}}} \cdot$$

Die $S^{(i)}$ sind die Stabkräfte, welche zu den Knotenlasten $\mathfrak{y}_1^{(i)} q^{(i)}$ gehören, und sie lassen sich aus dem Kremonaplan für diese Lasten ermitteln, die $p^{(i)}$ sind die Steifigkeiten der Stäbe (Produkt aus Elastizitätsmodul und Querschnittsfläche). Die Anwendung dieser Beziehung dürfte die praktisch erforderliche Genauigkeit immer überschreiten, besonders in Anbetracht dessen, daß es sich ja um die Schwingungszahl eines benachbarten Systems handelt, die ohnedies nur angenähert mit derjenigen des wirklichen Systems übereinstimmt. Im übrigen ist es, nachdem die Schwingungsform des Ersatzsystems mit den Einzelmassen

---

[1] Siehe a. a. O.

[2] BLEICH, F.: Theorie und Berechnung eiserner Brücken, § 5. Berlin 1924.

bekannt ist, nicht schwer, mit Hilfe der Formeln für benachbarte Systeme auch bessere Näherungen für das wirkliche System zu erhalten, indem man in die Ausdrücke für die potentielle und kinetische Energie des wirklichen Systems mit verteilten Stabmassen die Schwingungsform des benachbarten Systems einsetzt.

20. Transversalschwingungen von Platten.

Die Differentialgleichung für die Transversalschwingungen einer dünnen isotropen Platte heißt

$$\Delta(p\,\Delta w) - (1-r)(p_{xx}\,w_{yy} + p_{yy}\,w_{xx} - 2p_{xy}\,w_{xy}) - \lambda\,q\,w = 0$$
$$\left(\Delta = \frac{\partial^2}{\partial x^2} + \frac{\partial^2}{\partial y^2}, \qquad w_x = \frac{\partial w}{\partial x} \cdots\right),$$

$p(xy)$ ist die Steifigkeit, $q(xy)$ die Masse je Flächeneinheit der Platte, r ist die Querkontraktionszahl des elastischen Materials. Die Steifigkeit hängt mit der Dicke h der Platte vermittels

$$p = \frac{E\,h^3}{12(1-r^2)}$$

zusammen, worin E den Elastizitätsmodul des Materials bedeutet. Für konstante Steifigkeit vereinfacht sich die Differentialgleichung wesentlich und heißt dann

$$p\,\Delta\,\Delta w - \lambda\,q\,w = 0.$$

Es lassen sich wieder alle dargestellten Näherungsverfahren verwenden. Die Berechnung der Einflußfunktion ist noch schwieriger als bei den vorhergehenden Beispielen[1], doch wird man die Methoden, welche von der Integralgleichung unmittelbar Gebrauch machen, dann vorteilhaft anwenden können, wenn es sich darum handelt, systematische Versuche über die Schwingungen von Platten mit veränderlichen Steifigkeiten und Massen auszuführen. Geht man von statischen Versuchen aus und bestimmt die Einflußfunktion auf experimentellem Wege, dann sind lediglich die Steifigkeiten der Platten zu variieren, während Schwingungsversuche auch für alle in Frage kommenden Massenverteilungen durchgeführt werden müßten. Die Berechnung des Grundtons erfolgt dann am zweckmäßigsten durch Iteration, wobei die Verschiebungen w_1 infolge der Kräfte $q w_0$ unmittelbar durch

$$w_1(x,y) = \int\int k(x,y,\xi,\eta)\,q(\xi,\eta)\,w(\xi,\eta)\,d\xi\,d\eta$$

gefunden werden. Bei konstanter Plattensteifigkeit läßt sich die Lösung der Differentialgleichung

$$\Delta\,\Delta w = f(x,y)$$

---

[1] Für Kreisplatten ist die Methode der Integralgleichung angewendet worden von R. C. J. HOWLAND [Philos. Mag. (7) Bd. 7 (1928) S. 5, 39], doch handelt es sich hier eigentlich um ein eindimensionales Problem, da eine Schwingungsform mit einer bestimmten Zahl von Knotendurchmessern angenommen wird.

auf graphischem Wege gewinnen, indem zuerst die Zwischenlösung $v(xy)$ aus

$$\Delta v = f(x, y)$$

und dann auf die gleiche Weise w aus

$$\Delta w = v(x, y)$$

erhalten wird[1]. Die zeichnerische Integration der Differentialgleichung $\Delta v = f(x, y)$ erfolgt auf eine Weise, welche eine unmittelbare Verallgemeinerung der in 16. f) angegebenen Methode für die entsprechende eindimensionale Aufgabe darstellt. Die beim Iterationsverfahren zu lösende Aufgabe, zu einer Belastung $q w_0$, wobei w_0 die angenommene Schwingungsform ist, die Durchbiegung w_1 zu ermitteln, läßt sich also ebenso wie bei dem Stab graphisch behandeln. Allerdings ist die graphische Methode auf den Fall konstanter Steifigkeit beschränkt. Die Mittelwertformel

$$\lambda = \frac{\int\!\int w_0 w_1 q \, dx \, dy}{\int\!\int w_1^2 q \, dx \, dy}$$

liefert wieder bereits mit der einfachen Annahme $w_0 = \pm 1$ die Schwingungszahlen bis auf 1 bis 2% genau.

Gerade bei komplizierteren elastischen Systemen, bei welchen wie im Fall der elastischen Platten schon die Behandlung statischer Aufgaben mühsam ist, sind die Methoden, welche von den Extremalprinzipien ausgehen, besonders zweckmäßig. (28) heißt jetzt

$$(66) \qquad \lambda = \frac{\int\!\int \{ p (\Delta w)^2 - 2 p (1 - r)(w_{xx} w_{yy} - w_{xy}^2) \} \, dx \, dy}{\int\!\int w^2 q \, dx \, dy} .$$

Hierin ist für w eine geschätzte Schwingungsform einzusetzen. Praktisch wichtig sind die Schwingungen von Kreisplatten (Turbinenscheiben), man verwendet dann Polarkoordinaten r und ϑ und die obige Gleichung geht über in[2]

$$(67) \quad \lambda = \frac{\int\!\int p \left\{ \left(w_{rr} + \frac{w_r}{r} + \frac{w_{\vartheta\vartheta}}{r^2} \right) - 2(1 - r) \left[w_{rr} \left(\frac{w_r}{r} + \frac{w_{\vartheta\vartheta}}{r^2} \right) - \left(\frac{w_\vartheta}{r} \right)_r^2 \right] \right\} r \, dr \, d\vartheta}{\int\!\int w^2 q \, r \, dr \, d\vartheta} .$$

---

[1] MARCUS, H.: Armierter Beton Bd. 12 (1919) S. 107, 129, 164, 181, 219, 245, 281.

[2] Diese Beziehung wird von A. STODOLA zur Berechnung der Schwingungen von Turbinenscheiben benutzt. Als Ansatz für die Auslenkung w wird

$$w = f(r) \sin k \vartheta$$

gewählt, also eine Schwingung mit k Knotendurchmessern. Für $f(r)$ werden einige Funktionen eingesetzt und das Minimum von (67) bestimmt. Sehr gründliche rechnerische und experimentelle Untersuchungen von Turbinenscheibenschwingungen sind durchgeführt von W. CAMPBELL: Trans. Amer. Soc. Mech. Engs. Bd. 46 (1924) S. 31. Über Vergleiche der STODOLAschen Berechnungsweise von Turbinenscheibenschwingungen mit Versuchen siehe auch J. v. FREUDENREICH: Engg. Bd. 119 (1925) S. 2, 31. Bei Erregung der Platten mit einer harmonischen Kraft von allmählich steigender Eigenfrequenz entstehen Schwingungen mit

Eine bessere Näherung erhält man mit Hilfe des RITZschen Verfahrens, das gerade für die Eigenschwingungen von Platten mit besonderem Erfolg angewendet worden ist. W. RITZ[1] verwendet zur Berechnung der Schwingungszahlen und Formen einer quadratischen Platte mit freien Rändern folgenden Ansatz

$$(68) \quad \begin{cases} w(x, y) = A_{00} u_0(x) u_0(y) + A_{10} u_1(x) u_0(y) + A_{01} u_0(x) u_1(y) \\ \qquad + A_{11} u_1(x) u_1(y) + A_{02} u_0(x) u_2(y) + \cdots \end{cases}$$

Die $u_i(x)$ sind dabei das vollständige Orthogonalsystem der Eigenfunktionen eines Stabes mit freien Enden (als 0te Eigenfunktion wird $u_0 = $ konst. genommen, der dazugehörige Eigenwert ist $\lambda_0 = 0$). Es zeigt sich, daß sämtliche Eigenschwingungsformen mit großer Annäherung dargestellt werden können durch

$$w_{mn} = u_m(x) u_n(y) + u_m(y) u_n(x),$$
$$w'_{mn} = u_m(x) u_n(y) - u_m(y) u_n(x),$$

d. h. in der Reihe (68) für die Schwingungsformen überwiegen immer zwei Glieder sehr stark, wodurch die rasche Konvergenz des Verfahrens bedingt ist. Durch Einsetzen der Reihe (68) in die Extremalform (66) und Bestimmung der Extremalwerte dieser Form als Funktion der Konstanten A_{ik} erhält man ein lineares homogenes Gleichungssystém für die Konstanten und durch Nullsetzen der Koeffizientendeterminante die Frequenzgleichung für λ. Es werden zweckmäßig die symmetrischen und die antisymmetrischen Schwingungsformen getrennt berechnet.

(66) kann auch vorteilhaft zur Berechnung der Schwingungszahlen mit Hilfe der Schwingungsformen eines *benachbarten* Systems verwendet werden[2]. Auch die Formeln über die Schwingungszahlen *zusammen-*

kontinuierlich ineinander übergehenden Knotenlinien. W. HORT und M. KÖNIG [Z. techn. Physik Bd. 9 (1928) S. 373] deuten Versuche von A. ELSAS [Wied. Ann., N. F. Bd. 19 (1883) S. 474] an Kreisplatten, welche die mit der Frequenzveränderung wandernden Knotenlinien zeigten, als Abweichung von der KIRCHHOFFschen Theorie [Crelles J. Bd. 40 (1850) S. 51]. In Wirklichkeit handelt es sich bei den Versuchen von A. ELSAS um *erzwungene* Schwingungen im Gegensatz zu den von KIRCHHOFF berechneten und von F. STREHLKE [Pogg. Ann. Bd. 95 (1855) S. 577] in Übereinstimmung mit der Rechnung experimentell erzeugten *freien* Schwingungen der Kreisplatten. Die erzwungenen Schwingungen von Kreisplatten mit freiem Rand wurden von W. FLÜGGE [Z. techn. Physik Bd. 13 (1932) S. 199] behandelt. Das RAYLEIGHsche Verfahren wurde für Platten weiter angewendet von PRESCOTT (Applied Electricity 1924 S. 338) und für Platten, die in Berührung mit Wasser stehen, von H. LAMB [Proc. Roy. Soc. London A Bd. 98 (1920) S. 205.

[1] RITZ, W.: Ann. Physik (4) Bd. 28 (1909) S. 737. Auf die Schwingungen rechteckiger, rhombischer, dreieckiger und elliptischer Platten ist das Verfahren angewendet worden von E. GOLDMANN (Diss. Breslau 1918), auf die Schwingungen einer Membran von E. REINSTEIN [Ann. Physik (4) Bd. 35 (1911) S. 109].

[2] Vgl. M. KÖNIG: Diss. E. T. H. Zürich 1927. — HORT, W., u. M. KÖNIG: Z. techn. Physik Bd. 9 (1928) S. 373. Als Grundsystem wird die Kreisplatte konstanter Dicke genommen und mit Hilfe der Eigenfunktionen dieser Platte die Schwingungszahlen profilierter Kreisplatten berechnet.

gesetzter Systeme sind verschiedentlich für die Berechnung von Plattenschwingungen benützt worden. Die Näherung (39) wurde von K. KLOTTER[1] zur Berechnung einer in der Mitte eingespannten Kreisplatte verwendet, die auf einem zur Mitte konzentrischen Kreis eine linienförmig gleichmäßig verteilte Masse trägt. Als Teilsysteme werden genommen die Platte mit konstanter Massenbelegung ohne die linienförmige Masse und die masselose Platte, welche allein mit der linienförmigen Masse belegt ist. Für den Fall, daß die linienförmig verteilte Masse sich am Außenrand befindet und etwa ebenso groß ist wie diejenige der Platte, ist die Zusammensetzungsformel (39) für den Grundton durch eine exakte Berechnung kontrolliert und innerhalb der Rechengenauigkeit von zwei Stellen bestätigt worden[2]. Man kann also selbst bei sehr unähnlichen Massenverteilungen der Teilsysteme die Beziehung (39) auch bei Platten unbedenklich gebrauchen. Die Beziehung (41) für die Zusammensetzung von Teilsystemen von verschiedenen Steifigkeiten ist insbesondere für die Schwingungsberechnung rotierender Scheiben von Bedeutung[3]. Die Kreisplatte, ohne Einwirkung der Zentrifugalkräfte, und die rotierende Membran, die allein durch die Zentrifugalkräfte gespannt wird, treten dabei als Teilsysteme auf. (41) liefert dann eine untere Grenze für den Grundton, während man eine obere Grenze erhält durch Einsetzen einer Näherungsfunktion für die Schwingungsform in (67), wenn dort im Zähler noch die potentielle Energie infolge der Zentrifugalkräfte

$$\iint h\left[\sigma_r(w_r)^2 + \sigma_t\left(\frac{w\,\vartheta}{r}\right)^2\right] r\,dr\,d\vartheta$$

(σ_r und σ_t sind die Radial- und Tangentialspannungen infolge der Fliehkräfte) hinzugefügt wird. Auf die gleiche Weise geht man vor, wenn beliebige andere Kräfte in der Plattenebene wirken.

---

[1] K. KLOTTER: Ing.-Arch. Bd. 1 (1930) S. 123.

[2] Wie O. HECK, Darmstadt, in einem noch unveröffentlichten Aufsatz bemerkt hat, enthält die KLOTTERsche Arbeit einen Irrtum. Bei der Berechnung der Grundschwingungszahl einer Platte, welche auf einem zur Mitte konzentrischen Kreis eine gleichförmige linienförmige Masse trägt, verwendet KLOTTER als Teilsystem eine masselose Trägerplatte, deren freier Rand mit dem massebelegten Kreis zusammenfällt, diese Platte hat aber eine geringere Steifigkeit als die wirkliche Platte, so daß die Voraussetzung gleicher Steifigkeiten der Teilsysteme nicht erfüllt ist.

[3] SOUTHWELL, R. V.: Proc. Roy. Soc. London A Bd. 101 (1922) S. 133. — LAMB, H., u. R. V. SOUTHWELL: Ebenda Bd. 99 (1921) S. 272.